对本书的赞誉

Alex 是位富有远见的数据人。他把他的实践见解融入本书，探讨过渡到数据驱动型企业涉及的技术因素、对公司整体的影响以及由此产生的对业务的影响。这本书适用于希望通过数据取得成功的任何商业人士或技术专业人士。

——Keyur Desai,

TD Ameritrade 首席数据官

数据湖对于实现许多有利决策和分析驱动的解决方案至关重要。本书很好地阐明了数据湖的架构，包括它们提供了什么价值，带来了哪些挑战，以及如何应对这些挑战。

——Jari Koister,

FICO 产品和技术副总裁，

加州大学伯克利分校数据科学教授

大数据是当今业界最令人困惑的术语之一。本书将大的概念分解为易于理解的术语，并解释了处理此类项目的最佳方法。我发现书中关于数据流、数据池和数据湖相互关联的部分特别有用。对于想在现代分析方法上有更深理解及提升的人来说，这本书是必读的。

——Opinder Bawa,

旧金山大学副校长兼首席信息官

我迫不及待地想与数据湖团队的管理者分享这本书，为了能与团队顺畅交流，他们很需要一些工具和术语方面的指导。此外，本书还能启发他们团队应该尝试的方向并带领团队前进。无论你是要构建新的数据湖还是接手一个已有的数据湖，本书都是一个很好的入门选择。

——Nicole Schwartz,

敏捷和技术产品管理顾问

大数据湖最佳实践

Alex Gorelik 著

傅建庆 崔齐挺 郑伟杰 许闹 译

Beijing • Boston • Farnham • Sebastopol • Tokyo 

O'Reilly Media, Inc. 授权中国电力出版社出版

图书在版编目（CIP）数据

大数据湖最佳实践 /（美）亚历克斯·歌瑞克（Alex Gorelik）著；傅建庆等译 . — 北京：中国电力出版社，2020.7（2023.1 重印）

书名原文：The Enterprise Big Data Lake

ISBN 978-7-5198-4590-2

I. ①大… II. ①亚… ②傅… III. ①数据处理 IV. ① TP274

中国版本图书馆 CIP 数据核字 (2020) 第 065499 号

北京市版权局著作权合同登记 图字：01-2019-5153 号

出版发行：中国电力出版社
地　　址：北京市东城区北京站西街 19 号（邮政编码 100005）
网　　址：http://www.cepp.sgcc.com.cn
责任编辑：刘 炽（liuchi1030@163.com）
责任校对：黄蓓 王海南
装帧设计：Karen Montgomery，张 健
责任印制：杨晓东

印　　刷：望都天宇星书刊印刷有限公司
版　　次：2020 年 7 月第一版
印　　次：2023 年 1 月北京第三次印刷
开　　本：750 毫米 ×980 毫米 16 开本
印　　张：15
字　　数：282 千字
印　　数：4501—6000 册
定　　价：68.00 元

O’Reilly Media, Inc.介绍

O’Reilly以“分享创新知识、改变世界”为己任。40多年来我们一直向企业、个人提供成功所必需之技能及思想，激励他们创新并做得更好。

O’Reilly业务的核心是独特的专家及创新者网络，众多专家及创新者通过我们分享知识。我们的在线学习（Online Learning）平台提供独家的直播培训、图书及视频，使客户更容易获取业务成功所需的专业知识。几十年来O’Reilly图书一直被视为学习开创未来之技术的权威资料。我们每年举办的诸多会议是活跃的技术聚会场所，来自各领域的专业人士在此建立联系，讨论最佳实践并发现可能影响技术行业未来的新趋势。

我们的客户渴望做出推动世界前进的创新之举，我们希望能助他们一臂之力。

业界评论

“O’Reilly Radar博客有口皆碑。”

——Wired

“O’Reilly凭借一系列非凡想法（真希望当初我也想到了）建立了数百万美元的业务。”

——Business 2.0

“O’Reilly Conference是聚集关键思想领袖的绝对典范。”

——CRN

“一本O’Reilly的书就代表一个有用、有前途、需要学习的主题。”

——Irish Times

“Tim是位特立独行的商人，他不光放眼于最长远、最广阔的领域，并且切实地按照Yogi Berra的建议去做了：‘如果你在路上遇到岔路口，那就走小路。’回顾过去，Tim似乎每一次都选择了小路，而且有几次都是一闪即逝的机会，尽管大路也不错。”

——Linux Journal

译者序

随着 DT（Data Technology）时代的到来，数据驱动的决策分析在企业中扮演着越来越重要的角色，数据已经成了企业核心竞争力与商业价值的驱动因素。然而，精细化数据运营对数据量的规模（Volume）、数据格式的多样化 (Variety) 以及数据的即时处理速度 (Velocity) 提出了新的要求，使得传统的数据仓库不再满足大数据的存储和计算需求。数据湖利用大数据技术很好地解决了数据仓库的不足，但是如何正确地构建数据湖避免它变成一个杂乱无章的数据沼泽？如何有效地治理数据使得它能被方便地使用？如何合理地进行访问控制确保数据安全？

针对这些问题，本书作者结合自己在数据领域多年的工作经验，同时借鉴世界领先的大数据公司以及一线工作者的最佳实践，试图为各行业成功构建和使用大数据湖提供指导。本书内容大致可分为 5 个部分，其中第 1~3 章简单介绍了数据湖、数据仓库、大数据、数据科学等基本概念，第 4~5 章介绍了创建数据湖的几种常见策略，第 6 章探讨了实现自助式数据分析的意义和方法，第 7~9 章讲解了构建、治理、管控数据湖的最佳实践，第 10 章介绍了各行业使用数据湖的成功案例。

本书由四位译者合作翻译，其中傅建庆负责翻译第 3、7 章，崔齐挺负责翻译前言及第 2、6 章，郑伟杰负责翻译第 1、5、9 章，许闹负责翻译第 4、8、10 章。我们结合自身的工作经验，尽最大努力翻译，希望能让更多的读者了解数据湖。由于水平和时间有限，书中难免有疏漏或不尽如人意之处，敬请广大读者批评指正。

译者

目录

前言

近些年来，很多企业开始尝试使用大数据和云技术来构建数据湖（data lake），用于支持数据驱动的企业文化和决策，但这些项目经常会陷入停滞甚至失败。因为很多互联网公司的工作方式未必适合这些企业，而市面上又没有全面实用的指南来指导大家如何进行相应的调整。在这个背景下我写了这本书，目的是希望能在这方面提供帮助。

我曾在 IBM 和 Informatica（主要的数据技术供应商）任管理职务，在 Menlo Ventures（一家领先的 VC 公司）担任常驻企业家，目前是 Waterline（一家大数据初创企业）的创始人兼 CTO，在此期间我有幸能和上百位专家、有想法的人、行业分析师以及一线从业者讨论关于成功建立数据湖、培养数据驱动文化的挑战。本书正是我对各个行业（从社交媒体到银行和政府机构）和各种角色（从首席数据官和其他 IT 主管到数据架构师、数据科学家和业务分析师）将会遇到的不同场景及其最佳实践的总结。

大数据、数据科学和数据分析实现了数据驱动决策，并有望在许多方面带来前所未有的洞察力和效率，例如我们处理数据的方式、与客户合作的方式以及寻找治愈癌症的方法，但数据科学和数据分析都需要访问历史数据。认识到了这一点，许多公司开始部署大数据湖，将所有数据集中在一个地方并开始保存历史记录，使得数据科学家和分析人员可以访问他们需要的信息，以实现数据驱动的决策。企业大数据湖弥合了不同的现代互联网公司自由文化之间的鸿沟，在这种统一的文化中，数据是所有实践的核心，每个人都是分析师，大部分人都可以对自己的数据集进行编码和处理。

想要取得成功，企业数据湖必须提供三项新的能力：

- 高性价比、可扩展的存储和计算能力，用于在存储和分析大量数据的同时不至于引入过高的计算开销。
- 经济高效的数据获取和治理方式，使得每个人在查找和使用正确数据的同时避免进行编程或手工临时取数，从而避免引入过高的人力成本。
- 分层的、受管理的访问方式，根据不同的用户需求、技术水平和适用的数据管理策略，不同级别的数据可供不同用户使用。

Hadoop、Spark、NoSQL 数据库和基于弹性云的系统是令人兴奋的新技术，它们提供了第一项能力——高性价比、可扩展的存储和计算能力。虽然它们仍处在逐渐成熟的过程中，并面临着任何新技术固有的一些挑战，但它们已迅速趋向稳定并成为主流。然而这些强大的技术并不能提供另外两项能力——经济高效和分层数据访问。因此，当企业创建大型集群并收集大量数据后，最终得到的是数据沼泽而不是数据湖。这是由不可用数据集组成的大型存储库，人们无法查找或理解这些数据集，也无法依赖它做任何决策，因为这太危险了。

本书主要讲解为全面实现大数据湖的三项能力所经历的思考以及最佳实践，讨论了创建和发展数据湖的各种方法，包括数据水洼（data puddle，用作分析沙盒）和数据池（data pond，用作大数据仓库），以及从零开始构建数据湖的方法。书中探讨了自建、云上和虚拟三种不同体系结构数据湖的优缺点，内容包括如何建立不同的区域来存储原始未处理的数据、精心管理和汇总的数据，以及如何管理对这些区域的访问。它解释了如何启用自助服务以便用户能够自助查找、理解和取用数据，如何为具有不同技术能力的用户提供不同的交互，以及如何在此过程中不违反企业的数据管理政策。

目标读者

本书的目标读者是在大型传统企业工作的下面这几类人员：

- 数据服务和治理团队：首席数据官和数据管理员。
- IT 主管和架构师：首席技术官和大数据架构师。
- 分析团队：数据科学家、数据工程师、数据分析师和分析主管。
- 合规团队：首席信息安全官、数据保护官、信息安全分析师和合规检查主管。

本书内容得益于我在 30 年的职业生涯中接触过的先进数据技术，以及帮助世界上那些超大型企业解决过的棘手数据问题。它借鉴了世界领先的大数据公司和企业的最佳实践，以及来自一线从业者和行业专家的短文和成功案例，为成功构建和部署大数据湖提供了全面的指导。如果你想充分利用这些令人兴奋的新型大数据技术和方法给企业带来优势，那么本书是一个很好的起点。对于管理层来说，他们可以先读一遍此书，当工作中遇到大数据问题时再来翻阅。对于一线从业者来说，他们可以将此书作为规划和执行大数据湖项目的实用参考。

排版约定

本书采用下述排版约定。

斜体（Italic）

表示新术语、URL、电子邮件地址、文件名和扩展名。

等宽字体（`Constant Width`）

表示程序清单，在段落中出现则表示程序元素，例如变量、函数名、数据类型、环境变量、语句和关键字。

斜体等宽字体（*`Constant Width Italic`*）

表示应该替换成用户提供的值，或者由上下文决定的值。

O'Reilly 在线学习平台（O'Reilly Online Learning）

O'REILLY®

近 40 年来，O'Reilly Media 致力于提供技术和商业培训、知识和卓越见解，来帮助众多公司取得成功。

我们拥有独一无二的专家和革新者组成的庞大网络，他们通过图书、文章、会议和我们的在线学习平台分享他们的知识和经验。O'Reilly 的在线学习平台允许你按需访问现场培训课程、深入的学习路径、交互式编程环境，以及 O'Reilly 和 200 多家其他出版商提供的大量文本和视频资源。有关的更多信息，请访问 *http://oreilly.com*。

联系我们

请把对本书的评价和问题发给出版社。

美国：

O'Reilly Media, Inc.
1005 Gravenstein Highway North
Sebastopol, CA 95472

中国：

北京市西城区西直门南大街2号成铭大厦C座807室（100035）
奥莱利技术咨询（北京）有限公司

这本书有专属网页，你可以在那儿找到本书的勘误、示例和其他信息，地址是：*http://bit.ly/Enterprise-Big-Data-Lake*。

如果你对本书有一些评论或技术上的建议，请发送电子邮件到 *bookquestions@oreilly.com*。

要了解O'Reilly图书、培训课程、会议和新闻的更多信息，请访问我们的网站，地址是：*http://www.oreilly.com*。

我们的Facebook：*http://facebook.com/oreilly*。

我们的Twitter：*http://twitter.com/oreillymedia*。

我们的YouTube视频：*http://www.youtube.com/oreillymedia*。

致谢

首先我要对所有与我分享故事、专业知识和最佳实践的专家和从业者们表示深深的感谢，这是一本关于你们的书，也是为你们而写的书！

此外也非常感谢所有帮助我完成本书书写的人，这是我的第一本书，没有你们的帮助我肯定无法完成。感谢：

O'Reilly团队：我的O'Reilly编辑Andy Oram，他在我精疲力竭的时候为本书注入了新的活力，并帮助它从意识流转变为连贯的内容；产品编辑Tim McGovern，他帮助此书出版；文案编辑Rachel Head，她让我震惊的是，即便经过了两年多的写作、编辑、重写、评论，以及反复的修改与重写，这本书仍然可以改进那么多。

通过短文分享了自己想法和最佳实践的行业贡献者，你可以在书中相应论文旁找到他们的名字和履历。

以全新的视角、批判性的眼光和行业专业知识为本书做出巨大改进的审校者：Sanjeev Mohan、Opinder Bawa 和 Nicole Schwartz。

最后，感谢我的妻子 Irina，我的孩子 Hannah、Jane、Lisa 和 John，我的妈妈 Regina，我的朋友以及 Waterline 大家庭的各位。如果没有你们的支持和爱，就不会有这本书。

第1章
数据湖概述

数据驱动的决策方式正在改变我们的工作和生活。从数据科学、机器学习、高级分析到实时仪表盘，决策者都需要数据来帮助决策。像Google、Amazon和Facebook这样的公司都是数据驱动的巨头，它们利用数据来驱动传统业务。金融服务机构和保险公司一直都是数据驱动的，典型的代表有数据分析专家和自动化交易。物联网正在改变制造业、运输业、农业和医疗保健业。从政府和企业到非营利组织和教育机构，数据正在被视为一个游戏规则的改变者。人工智能和机器学习正在渗透我们生活的方方面面。由于数据代表着潜力，整个世界对数据如饥似渴。我们甚至有这样一个术语：大数据，它由Gartner的Doug Laney使用三个V——Volume（大容量）、Variety（多形式）、Velocity（高速率）来定义。Doug Laney后来添加了第四个V——Veracity（准确性），这在我看来是最重要的V。

Volume、Variety和Velocity导致旧的系统和流程已经无法再满足企业对数据的需求。而对高级分析和人工智能来说Veracity是一个更大的问题，"GIGO（废料出废品）"原则在这里体现得淋漓尽致，因为在统计和机器学习模型中，我们几乎无法判断坏的决策到底是由坏数据还是坏模型引起的。

为了支持这些努力并应对这些挑战，数据管理领域正在围绕数据该如何存储、处理、管控进而支持决策发生着一场革命。大数据技术比传统数据管理更需要可扩展性和更高的性价比。自助服务正在取代过去精心设计、劳动密集型的方法。在过去，会由专业 IT 团队来创建井然有序的数据仓库和数据集市，但任何更改都需要花费数月才能完成。

数据湖是一种大胆创新的方法，它利用了大数据技术的力量，并将其与自助服务的灵活性结合起来。如今，大多数大型企业都已经或正在部署数据湖。

本书内容基于与 100 多个组织的讨论，覆盖各种类型的组织，从 Google、LinkedIn 和 Facebook 这类新型数据驱动公司到政府和传统企业，这里有关于他们的数据湖方案、项目、经验和最佳实践的总结。本书面向正在考虑构建数据湖、正在构建数据湖的 IT 主管和从业者，也面向已经拥有数据湖但仍在努力使其变得更加有效并被广泛采纳的用户。

什么是数据湖？我们为什么需要它？它与我们现有的数据系统有什么不同？本章将对此进行简要介绍，后续章节会进一步展开详细内容。为了保持简洁，不在这里详细解释和探讨每一个术语和概念，这些将会在后面的章节中深入讨论。

数据驱动的决策非常流行，从数据科学、机器学习、高级分析到实时仪表盘，决策者都需要数据来帮助决策。这些数据需要一个家，而数据湖正是创建这个家的首选解决方案。数据湖这个词由 Pentaho 的 CTO，James Dixon 发明，他在博客中首次提出这个概念："如果你把数据集市看作是一家售卖干净的、规整包装的、便于消费的瓶装水的商店，那么数据湖就是更自然状态下的一大片水域。数据湖的内容从一个源头流入，各类用户可以前来检查、探索或取样。"我将关键词用斜体进行了标注，即：

- 数据处于它的原始形式和格式（自然的、原始的数据）。

- 数据被各类用户使用，比如已经或可以被大量用户获取到。

这本书讨论如何构建一个数据湖，让原始（以及处理过）的数据能被更多的业务分析师使用，而不仅仅被用于 IT 驱动的项目。将原始数据开放给分析师是为了让他们能够执行自助分析。自助服务已经成为数据民主化的重要趋势。它从使用像 Tableau 和 Qlik 这样的自助可视化工具（有时称为数据发现工具）开始，让分析师无需 IT 的帮助就可以分析数据。自助服务的趋势一直以各种自动化工具的形式在延续，数据准备工具帮助分析师按需处理数据，目录工具帮助分析师找到他们需要的数据，数据科学工具帮助执行高级分析。另一类被称为数据科学家的新用户也通常将数据湖作为他们的主要数据源，来进行被称为数据科学的更高级分析。

当然，自助服务的一大挑战是数据治理和数据安全。每个人都同意数据必须保证安全，但又往往过于严格。许多受监管行业有严格的数据安全政策，不允许分析师访问任何数据。即使在一些非管制行业也存在类似情况，这并不是一个好现象。问题是，我们如何在不违反内部和外部数据合规检查的情况下向分析师提供数据？这在很多场合被称为数据民主化，我们将在后面的章节中详细讨论。

数据湖的成熟度

数据湖是一个相对较新的概念，为了帮助大家理解，我们按成熟度将其分成几个阶段，并详细阐述各个阶段之间的区别：

- 数据水洼。基本上是一个使用大数据技术构建的单一用途或供单一项目使用的数据集市。这通常是采用大数据技术的第一步。加载到数据水洼中的数据被用于单个项目或团队。它很常见也很容易理解，使用大数据技术代替传统数据仓库的原因是为了降低成本并提供更好的性能。

- 数据池。它是数据水洼的集合。它可能是一个没有经过良好设计的数据仓库，实际上是一个公用数据集市的集合。它也可能只是将现有数据仓库转移到新的地方。虽然它有更低的技术成本和更好的可扩展性等优点，但其构造过程中仍然需要 IT 的重度参与。此外，数据池仅包含项目所需的数据，并且仅将该数据用于所需的项目。鉴于高 IT 成本和有限的数据可用性，数据池并不能帮助我们真正实现数据使用的民主化，或推动业务方实现自助服务和数据驱动决策的目标。

- 数据湖。与数据池在两个重要方面有所不同。首先，它支持自助服务，业务方可以在不依赖 IT 部门的情况下找到和使用想要使用的数据集。第二，它的目标是包含业务方可能需要的数据，即使当时没有项目需要用到。

- 数据洋。将自助服务数据和数据驱动决策扩展到了企业的所有数据，无论这些数据在何处，以及是否已被加载到了数据湖中。

图 1-1 说明了这些概念之间的差异。随着成熟度从数据水洼到数据池、数据湖再到数据洋，数据量和用户数量有时会急剧增加。数据使用模式从 IT 高度参与逐级转变为自助服务，数据的范围超出了当前项目所需。

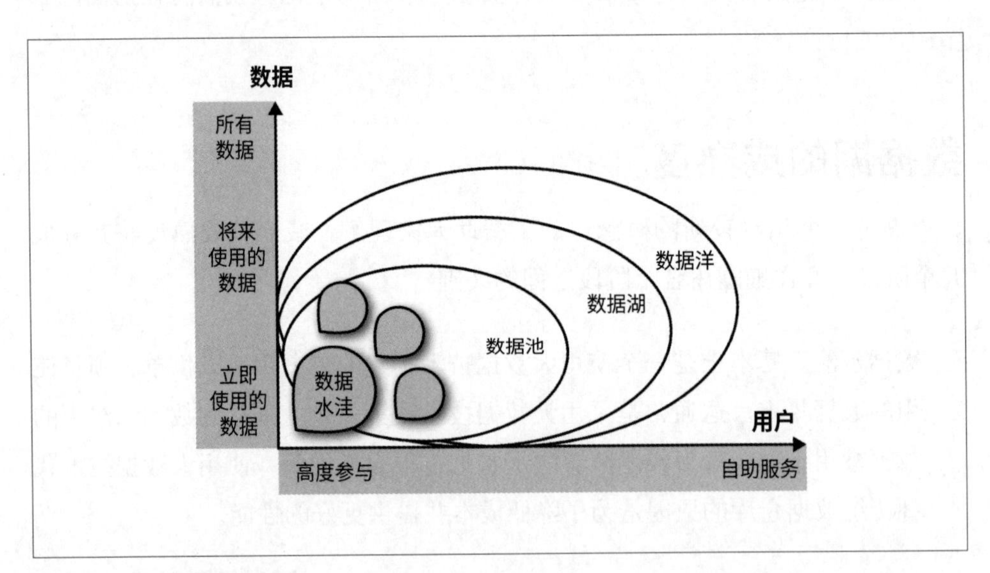

图 1-1：四个成熟度阶段

数据池和数据湖之间的关键区别在于目标不同。数据池为现有的关系数据仓库和数据集市提供了一种成本更低、可扩展性更强的技术替代方案。而数据湖侧重于运行常规的、产品就绪（production-ready）的查询，让业务方能够通过使用各种新型的数据和工具，进行即席分析和实验来做出自己的决策，如图 1-2 所示。

在开始演示如何创建一个成功的数据湖之前，让我们先仔细看一下在它之前的两个成熟度阶段。

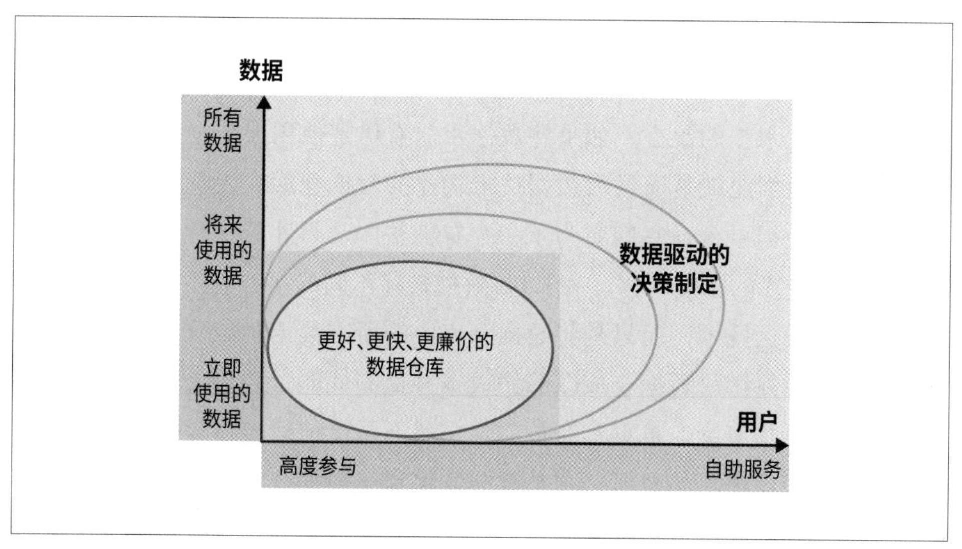

图 1-2：数据湖的价值定位

数据水洼

数据水洼通常用来支持特定的团队或者特定用途。这些数据水洼规模不大，仅包含单一团队的数据，通常由各个业务部门自助（也被称为 shadow IT）在云上搭建。在数据仓库时代，每一个团队都会为他们的每一个项目创建关系型的数据集市，创建数据水洼的过程也类似，只不过使用的是大数据相关技术。数据水洼通常是为那些需要大数据的项目构建的，一些高级分析项目，例如专注于用户流失（customer churn）和预测性维护（predictive maintenance）领域的项目可以划归此类。

有时，数据水洼被用来帮助 IT 人员完成自动的计算密集和数据密集型过程，比如 ETL 过程。使用数据水洼后，所有转换工作从数据仓库或者昂贵的 ETL

工具转移到了大数据平台。具体 ETL 过程后续章节有更详细的介绍。另外一个常见的用途是为某个团队提供一个实验用的工作空间，一般称之为沙盒。

数据水洼往往只拥有小规模的、有限种类的数据。它们的数据来自一些专用、小型的数据流，构建和维护它们需要专门技术团队和 IT 人员的帮助。

数据池

数据池是数据水洼的集合。如果将数据水洼看作是使用大数据技术构建的数据集市，那数据池就是通过大数据技术构建的数据仓库。当越来越多的数据水洼加入大数据平台，它们变为了一个有机整体。另外的一种构建数据池的方式是数据仓库的数据转移。和 ETL 数据转移不同的是，它不需要在转移过程中用到大数据技术，而只是将数据仓库中的所有数据加载到大数据平台。目的是期望最终摆脱数据仓库以节约成本并提高性能，因为大数据平台相比关系数据库更加廉价，也更具有扩展性。然而，单纯地转移数据仓库数据仍无法让分析师使用原始数据，这是因为它保留了数据仓库严格的管理方式，数据仓库面临的问题依然没法解决，比如超长且成本高昂的变更周期、复杂的数据转换过程、需要手动开发报表等。很多时候，分析师并不想从一个支持轻量级快速查询、精细调优的数据仓库转移到有很多不确定性的大数据平台。在这些大数据平台上，虽然执行大查询比传统的数据仓库执行得更快，但是更加常见的小查询反而执行得更慢，往往需要几分钟时间。图 1-3 说明了数据池的一些不足：缺少确定性、敏捷性，没法使用原始、未经加工的数据。

创建成功的数据湖

如何才能创建成功的数据湖呢？就像任何其他项目一样，首先是必须和公司的业务战略保持一致，得到管理层的广泛支持和信任。另外，通过跟许多正在部署数据湖的公司讨论，归纳出了下面三个构建成功数据湖的先决条件：

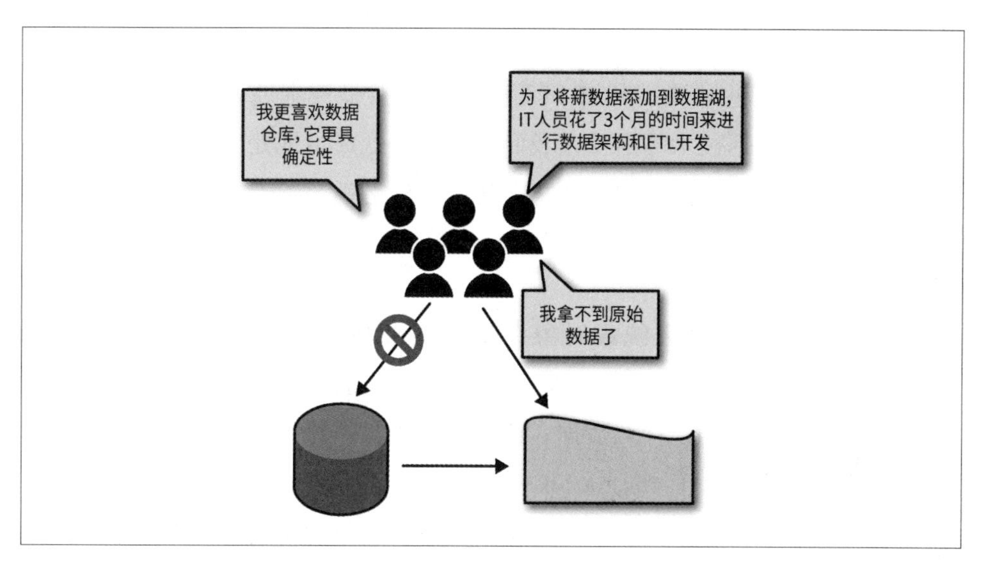

图 1-3：数据池的一些缺点

- 适合的平台。
- 适合的数据。
- 适合的界面。

适合的平台

像 Hadoop 这样的大数据技术或者像 AWS、Microsoft Azure 以及 Google Cloud Platform 这样的云解决方案是最流行的数据湖平台。这些技术有以下几个共同的重要特点：

大容量

这些平台的设计都支持横向扩展，换句话说，可以在性能基本无损的情况下无限扩展。

低成本

我们很容易通过磁带、WORM 磁盘以及硬盘低成本地存储大量的数据，但是直到大数据技术的出现，我们才能同样低成本地处理大数据，成本可以低至商业关系数据库的十分之一甚至百分之一。

数据多样性

这些平台使用文件系统或对象存储系统来存储所有类型的文件，包括 Hadoop HDFS、MapR FS、AWS 的 S3 等。并且，文件系统或者对象存储系统并不关心存的是什么数据，不像关系型数据库那样只能存储预先定义好 schema 的数据（schema on write）。用户只有在使用数据的时候，才需要知道数据的 schema（ schema on read），这也是这些大数据平台的一个重要优点，这使得数据不需要经过任何处理就可以被加载到系统，而关系型数据库要求数据必须先转换成预定的 schema 和格式才能加载。

适应未来发展

我们的需求以及生活的世界本身在不断变化，因此我们确信现有的数据在未来某个时候会被用上。现在，如果数据存储在关系数据库中，那么它只能在这个数据库中使用。Hadoop 和其他大数据平台则非常灵活，同一个文件可以被不同的处理引擎和程序使用，包括 Hive 查询（Hive 提供了一套针对 Hadoop 文件的 SQL 接口）、Pig 脚本、Spark 以及定制的 MapReduce 作业。大数据技术发展非常迅速，使得用户相信数据湖中的数据能够适应未来项目发展的需要。

适合的数据

当前企业所搜集的数据大部分都被丢弃了，只有很少一部分聚合后的数据会在数据仓库中保存几年时间。大部分详细操作数据、机器生成的数据以及历史数据要么被聚合要么被丢弃，这使得分析师难以做一些有价值的分析。例如，当分析师意识到了一些数据的价值，但是它们的历史数据都被丢弃了，那么分析师需要再等上几个月甚至几年时间来收集足够的历史数据才能做有意义的分析。数据湖则允许尽可能多地收集数据以备未来之需。

所以，数据湖看起来很像储蓄罐（见图 1-4），你常常都不知道保存这些数据的目的是什么，但是依然会存储起来以备他日之需。你也不知道未来会如何使用这些数据，过早地对其进行转换、处理并没有意义。这就好比你带着储蓄罐到各个国家旅行，每到一个国家都将零钱原样放入储蓄罐中。直到在某国要花掉这笔积蓄时，才将其兑换成所在国的货币，这样不需要每到一个国家都把钱兑换一遍（这需要支付兑换费用）。总而言之，数据湖的目的就是要尽可能多地搜集原始数据。

图 1-4：数据湖就如同储蓄罐，允许你将原始数据保存其中

获取适合数据的另外一个挑战来自数据孤岛。不同的部门会各自存储自己的数据，不仅因为提供这些数据在技术上有困难或者成本高昂，有时也有政治或者组织的因素，使得他们不情愿将数据分享出来。在企业中，如果一个团队需要另外一个团队的数据，需求团队必须清晰地描述它想要什么样的数据，提供数据的团队也必须开发 ETL 任务来将这些数据抽取、打包，而这是一个困难、耗时、耗力的过程，所以这些团队会尽可能地拒绝类似的数据需求，

并且会对数据分享敬而远之。这些额外的工作也就被当成了拒绝提供数据的托词。

如果使用数据湖技术，数据湖存储的本身就是原始数据，上面提到数据分享的挑战（和托词）也就天然不存在。一个管理良好的数据湖本身就是中心化的，并且为组织中所有用户提供了关于获取数据的透明流程，数据的所有权很少成为数据共享的障碍。

适合的界面

一旦拥有了适合的平台，也加载好了数据，我们将面对下一个更加困难的问题：选择什么样的使用界面？这个问题导致很多公司的数据湖项目以失败告终。为了能够被广泛使用，也为了帮助业务方实现数据驱动的决策，公司提供的解决方案必须是自助服务，以便目标用户在没有 IT 帮助的情况下也能够找到、理解和使用这些数据。何况 IT 部门可能也没有办法支持如此大的用户群和如此多样复杂的数据。

要实现自助服务需要做好两个方面：提供符合用户技能水平的数据；保证用户能够找到适合的数据。

提供符合技能水平的数据

为了使据湖被广泛采用，我们希望从数据科学家到业务分析师的所有人都来使用它。但是，考虑到不同用户的需求和技能水平各不相同，我们必须小心地为合适的用户提供合适的数据。

举一个例子，分析师往往没有技能去直接使用原始数据，原始数据对于他们来说往往有太多的细节、太碎片化，还可能因为质量问题使得他们没法简单使用。例如，如果我们要使用由不同应用在不同国家采集的销售数据，这些数据的格式可能会不一样：它们会有不同的字段（例如一个国家有销售税，而其他国家没有），也会有不同的单位（lb 和 kg, $ 和€）。

为了让分析师使用这些数据，必须先进行一致性处理，对它们的字段名称、度量单位进行统一，还往往需要对每个产品或每个客户的日常销售额进行汇总。换句话说，分析师期望的是准备好的数据，而不是原始数据。

而数据科学家则刚好相反，处理过的数据往往丢失了他们在寻找的“有用信息”，例如，如果他们期望知道两个商品被一起购买的频率，但是拿到的数据只有每个商品每天的销售数量，那这些数据科学家就无能为力了。就像厨师需要原始材料来烹饪美食一样，他们需要原始数据来进行数据分析。

在这本书中，我们将看到如何通过将数据湖划分成不同的区域，来满足各种各样的需求。各个不同的区域包含特定的数据以满足用户的特殊要求。例如，原始区（landing zone）拥有原始数据，而产品区（gold zone）则包含高质量、组织好的数据。我们将在本章的“组织数据湖”一节简明扼要地介绍相关内容，然后在第 7 章进行详细讨论。

获得数据

大多数我了解过的公司都采用了“数据商店”这种模式，分析师使用一种类似 Amazon 的操作界面来发现、理解、评分、注释和消费数据（见图 1-5）。这种方式有很多好处，比如：

熟悉的操作界面

大多数人都对在线商店比较熟悉，也习惯于使用关键字进行搜索、评分和评论，他们不需要或者只需要很少的培训就能使用这样的操作界面。

分面搜索

搜索引擎针对分面搜索进行了优化。当潜在搜索结果非常多，在用户希望缩小搜索范围的情况下，分面搜索非常有用。例如，当你在 Amazon 上搜索面包机时，分面搜索会列举出制造商、是否可以烤百吉饼、一次可以烤多少片等信息。同样的，当用户搜索数据集的时候，分面搜索也可以帮他们指定目标数据的属性来缩小范围，这些属性可以包括数据拥有的类型和格式、什么系统承载这些数据、数据的大小和实时性、什么部门拥有这些数据、如何进行授权以及其他有用特征。

排序

对筛选出来的数据资产进行排序的能力是非常重要的，这种能力目前在搜索引擎中得到广泛支持。

基于上下文的搜索

随着数据目录变得越来越智能，通过语义搜索数据的能力将会变得越来越重要。例如，销售人员搜索客户实际上是期望找到潜在的客户，而技术支持人员搜索客户则是想找到已有的客户以便提供技术支持。

图 1-5：一个在线商店操作界面

数据沼泽

虽然数据湖泊总是以良好的意图开始，但是结局往往不尽如人意，得到的可能只是一个数据“沼泽”。数据沼泽是一个数据池，但体量已经达到了数据湖的规模。由于缺乏自助服务和治理设施，数据沼泽无法吸引太多分析师。最理想的情况是被当作数据池使用，最糟糕的则是根本没人使用。常见的情况是各个团队都只使用了数据湖的一小部分（图 1-6 中所示的白色的数据池），剩下的大部分数据都处于黑暗的角落，没有文档也没法使用。

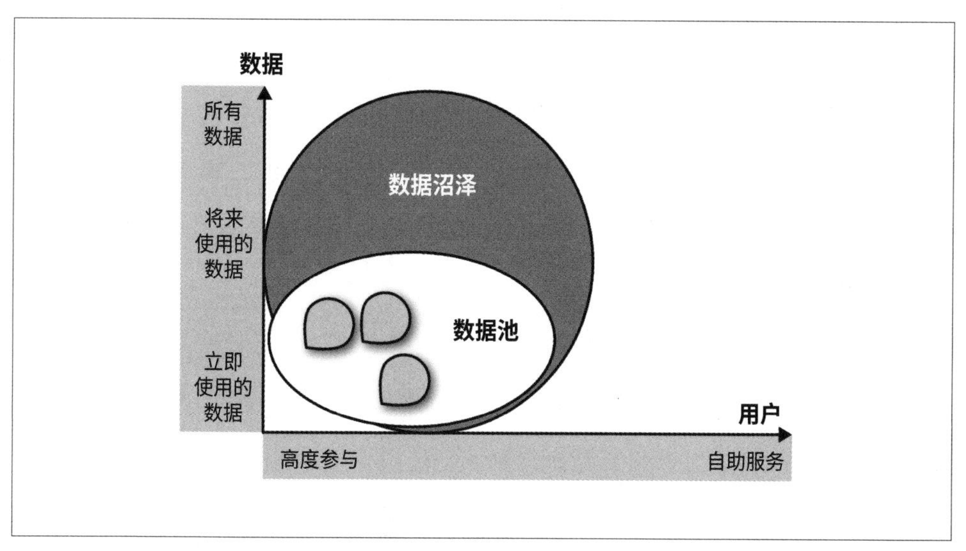

图 1-6：数据沼泽

当数据湖刚被提出时，很多公司都冲进这个领域，购买 Hadoop 集群并在其中填满了原始数据，但是并没有考虑清楚如何去使用这些数据。结果是创建了大量被上百万的文件和 PB 级数据填满的数据沼泽，而没有任何办法去理解它们。

只有那些经验丰富的用户才有能力使用数据沼泽，他们往往能从沼泽中切出一些对团队有用的小水洼。而且由于管理规则的缺失，数据湖被直接开放给了用户，敏感数据没法得到任何保护，因为没有人知道哪些数据属于敏感数据。绝大部分数据处于不可用、没人用的状态。有个数据科学家在跟我分享他们公司建设数据湖的经历时讲到，他们对数据湖中的所有数据进行加密以保护敏感数据，并且要求使用者证明他们使用的数据中不包含敏感数据，才能对数据进行解密、使用。最终证明这只不过是“第二十二条规则”，因为所有的数据都被加密了，接触过的人都表示他们根本找不到任何东西，更无法证明它们不包含敏感数据，结果是没有人再使用这个数据湖（或者就像他说的那样，数据沼泽）。

成功实施数据湖的路线图

现在我们已经清楚了成功实施数据湖的关键，以及有哪些陷阱需要避免，那么构建数据湖具体需要哪些步骤呢？通常包含如下步骤：

1. 建设好基础设施（搭建好 Hadoop 集群，并保证正常运行）。
2. 组织好数据湖的各个区域(给不同的用户群创建好各种区域,并导入数据)。
3. 设置好数据湖的自助服务（创建数据资产的目录，设置好访问控制机制，准备给分析师使用的工具）。
4. 将数据湖开放给用户。

建立数据湖

当我在 2015 年开始写这本书的时候，大多数公司都是通过开源或者商业版的 Hadoop 来自建数据湖，但是到了 2018 年，至少有一半的企业要么将数据湖整个建设在云上，要么建设自建和云平台混合的数据湖。当然，有些企业有多个数据湖。架构的多样性促使这些公司重新定义什么是数据湖，最终我们得出了逻辑数据湖的概念：在多个异构的系统上建立一个虚拟的数据湖层。底层的系统可以是 Hadoop、关系数据库、NoSQL 数据库，自建的或者云上的系统。

图 1-7 展示了这三种数据湖。它们都提供了一个目录供用户使用以找到用户想要的数据资产。这些数据资产要么已经在 Hadoop 数据湖中，要么准备导入到数据湖合适的区域中。

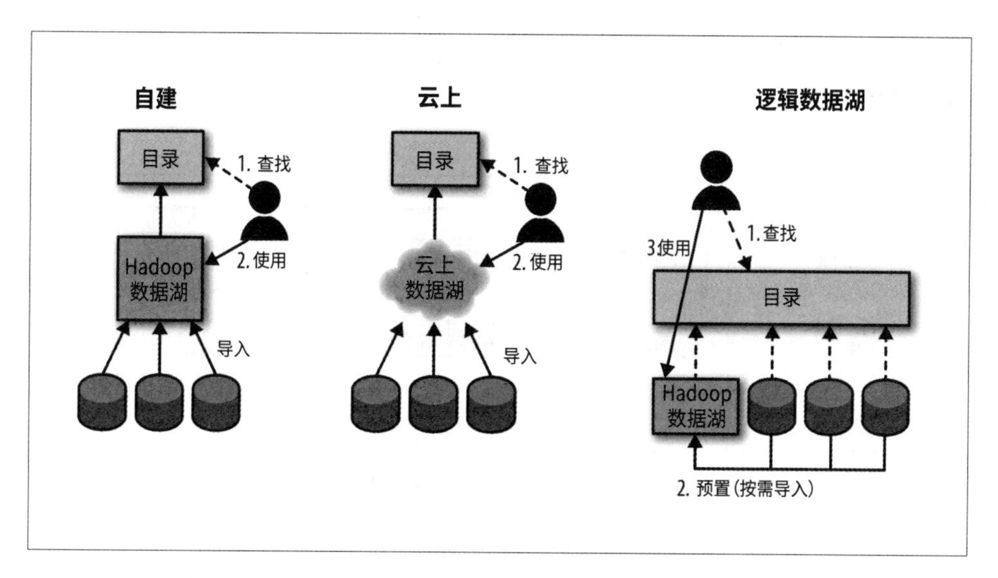

图 1-7：不同的数据湖架构

规划数据湖

我所遇到的数据湖几乎都是按照同一种方式组织的，分成不同的区域：

- 原始区（landing）：保存采集的数据，并且尽可能保留数据的初始形态。
- 产品区（gold）：保存清洗、处理过后的数据。
- 工作区（work）：许多技术岗用户，例如数据科学家、数据工程师，都使用这个区域的数据进行工作。这个区域的数据可以按照用户、项目、主题或者许多其他方式组织。一旦在工作区的分析工作投产后，数据就会迁移至产品区。
- 敏感区（sensitive）：存放敏感数据。

图 1-8 图解了该组织形式。

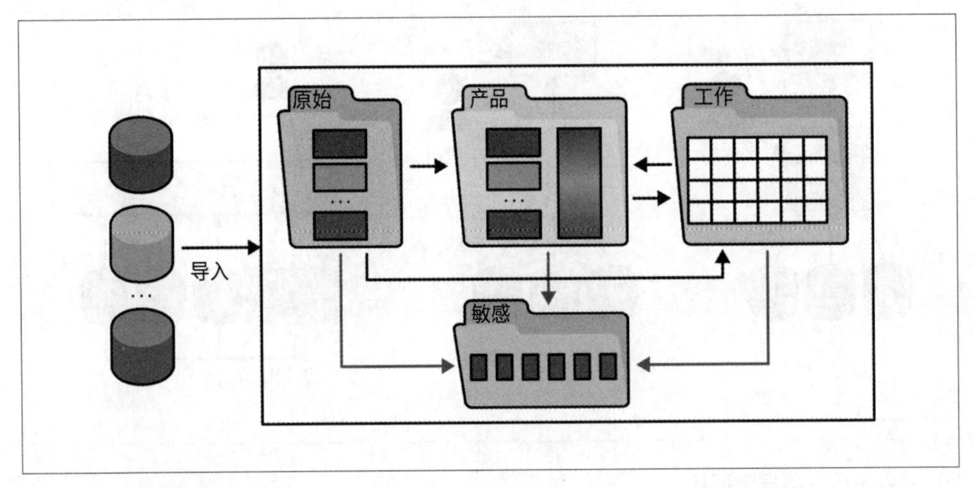

图 1-8：经典的数据湖区域

多年来，数据治理团队的普遍共识是，无论其位置或目的如何，数据都应受到相同的治理。然而，近年来，Gartner 的分析师提出了多模态 IT 的概念，大致意思是数据治理方式应该反映数据的用途以及用户群体的需求。这一思路很受数据湖团队认可，数据湖中不同区域具有不同等级的组织方式与服务等级协议（SLA）。例如，产品区中的数据被严格管理、精心策划并有完善的文档，并且具有质量和新鲜度保障。相反地，工作区的数据治理程度就比较低（一般只需确定其中没有敏感数据），不同项目的 SLA 都不尽相同。

不同的用户群体使用不同的区域。业务分析师常用产品区的数据，数据工程师则直接处理原始区的数据（将原始数据转换为可放入产品区的数据），数据科学家在工作区进行实验。但是，有些管理策略被用于所有区以检测和保护敏感数据，数据管理员主要关注敏感区与产品区的数据，确保这些数据符合公司及政府的规约。图 1-9 展示了不同等级的管理策略以及不同区域的用户群体。

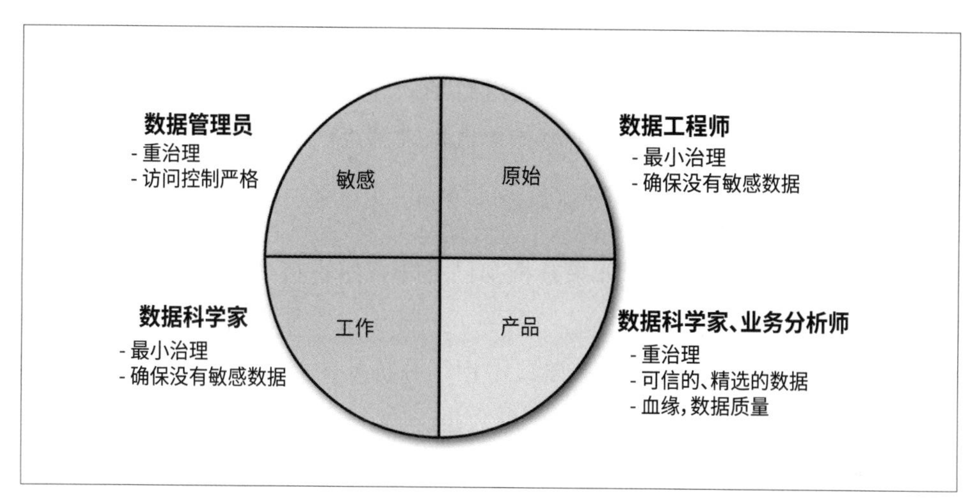

图 1-9：各区域管理策略

构建自助服务的数据湖

分析师，无论是业务分析师、数据分析师还是数据科学家，他们的工作一般会分为四个阶段，如图 1-10 所示。

图 1-10：数据分析的四个阶段

第一阶段是查找并理解数据。一旦找到合适的数据集，就需要预置数据，使这些数据可用。预置数据之后，需要进行预处理，也就是清洗数据并将其整理成适合分析的格式。最后，需要使用数据来解决问题或者创建可视化图表及报表。

理论上前三阶段是可选的：如果分析师已经非常熟悉待分析的数据，也可以访问到它了，并且数据格式也已经满足了分析需求，那么可以直接进行最后一个步骤。许多研究表明，前三阶段占用了分析师的 80% 的工作时间，尤其是最耗时的第一阶段——查找并理解数据，会占用分析师 60% 的时间（参考“Boost Your Business Insights by Converging Big Data and BI” by Boris Evelson, Forrester Research, March 25, 2015）。

为了让你更好地理解这四个阶段的工作内容，我们将逐个讨论。

查找并理解数据

为何在一个企业中查找数据这么困难？因为可用数据的多样性与复杂性远超出了人脑记忆的能力范围。假定有一个非常小的数据库，只有一百张表（有些数据库有成千上万张表，因此一百张表在生产中确实属于非常小的数据库），该数据库中每张表有一百列，这是一个合理的假设，特别对于分析型数据库而言，其中的数据都还未做归一化处理。我们可以计算出，这个数据库中共有 10000 列。对于人类而言，记住这 10000 列的含义及它们隶属于哪张表根本不现实，更何况还需要清楚地知道何时去使用它们？

现在，再假设一个公司拥有几千（甚至数十万）个数据库，这个量级远大于之前我们假设的具有 10000 列数据的数据库。我曾经在一个只有 5000 名员工的小银行工作过，但是它创建的数据库已达 13000 个之多。那么对于一个拥有数十万员工的银行，想知道它有多少个数据库只能靠猜了。我之所以使用“只能靠猜”这个措辞，是因为在我过去的 30 年职业生涯中合作过数百家企业，没有哪家企业可以准确地告诉我他们拥有多少数据库，更不要说表数量和列数量了。

希望以上的例子可以让你明白分析师寻找数据所面临的挑战。

“到处询问”成为分析师常用的方法，他们会向周围同事咨询是否有人使用过相关的数据，直到知道有人在其他项目中使用过相关的数据集为止。通常，他们并不清楚这是不是最优的数据集、这些数据集是如何产生的，甚至连它们是否可信都不知道。接下来，他们面临一个艰难的抉择，到底是直接使用这个数据集还是继续“到处询问”，而继续“到处询问”的结果有可能是一无所获。

一旦分析师决定使用某个数据集，他们需要耗费大量时间去明确其数据含义。有些数据的含义显而易见（例如用户姓名、账号），而有些则较为晦涩（例如用户编号1126的含义）。因此，分析师会耗费更多的时间寻找能够告诉他们这些数据含义的人。我们把这种情况称为“部落知识”。也就是说，知识是存在的，只是它们分布在不同人群中，将它们组织起来需要经历一个漫长、痛苦且易错的过程。

所幸的是，有一些新的众包工具可以解决这个问题。通过众包工具，分析师在收集“部落知识”时，能够为数据集创建一些商业术语化的文档记录，并且构建索引，以便他们能检索数据。这些工具在Google和LinkedIn这样的新式数据驱动型公司中是定制化开发的。因为，在这些公司中数据极其重要，可谓人人都是分析师，对于这些问题的认知与解决问题的诉求，也比传统企业强烈得多。在数据集创建之初记录文档会容易得多，因为认知信息是第一手获取的，并未以讹传讹。不过，就算是Google也只有常用的数据集做了很好的文档化记录，仍然有大量未清晰定义的数据。

在传统企业中情况更加糟糕，往往有数百万的数据集，但只有在使用时才会进行文档记录。然而如果没有文档，很可能没有人能够发现、使用它。唯一行之有效的解决方案是将众包工具自动化。Waterline Data是我们团队研发的解决这个问题的工具，它可以从分析师正在使用的数据集中提取信息，并将其应用到其他未被标记的数据集中。这一过程称之为指纹识别：我们的工具可以遍历企业中所有结构化数据，为每列打上唯一标识，一旦发现某些列被分析师做过标记或注释，它将找寻到相似列，并给出建议标签。当分析师搜索数据时，他们可以发现被人工或自动打标的数据集，并有机会修改这个标签。我们的工具会根据用户的反馈，使用机器学习（ML）来提升自动打标的准确性。

该工具的核心思路是：出于数据的复杂性与多样性，人工手动打标无法完全覆盖；同时，由于数据的特殊性与不可预测性，单纯地自动打标并不完全可靠，因此，将二者结合才能达到最佳效果。图 1-11 展示了良性循环圈。

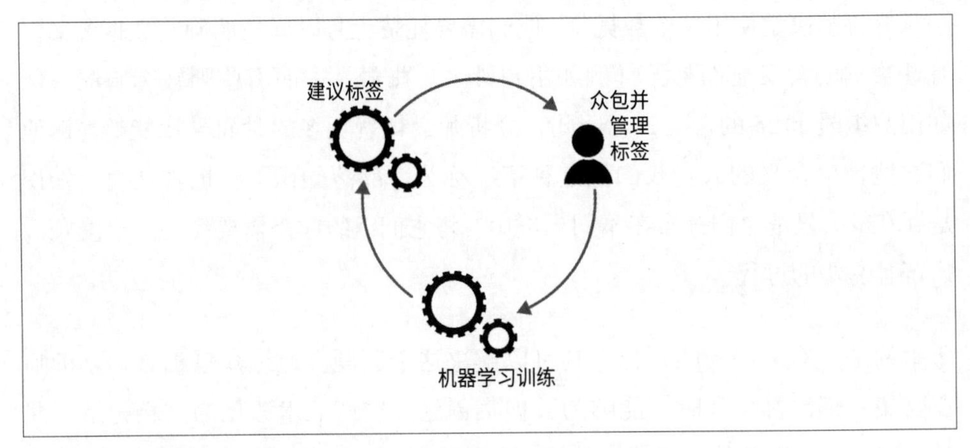

图 1-11：人类知识与机器学习并用

访问与预置数据

一旦确定了合适的数据集，需要能让分析师访问到它。在传统方案中，分析师在新建或者加入项目时就会被授予访问权限。之后这些权限几乎不会被回收，因此老员工几乎可以访问到所有数据，甚至是那些不常用的数据。而新人则正好相反，他们无法访问这些数据，因此也无法找到可用的数据集。数据湖为了解决这个问题，通常会采用两种极端方案：授权所有人所有数据的访问权限，或者限制所有人对所有数据的访问，直到分析师可以证明必须使用该数据集。授权所有数据的访问权限在某些情况下是可行的，但是在生产环境中并不可行。为了让这一方案更加可行，企业往往会将敏感数据脱敏处理。但是，这也意味着需要处理那些或许根本无人使用的数据。此外，随着政策的变更，将会有越来越多的数据需要脱敏（这部分内容将在后续章节中深入讨论）。

还有个更加实用的方案，那就是将所有数据的信息都放入元数据目录中（metadata catalog），以便分析师可以找到有用数据并且申请使用权限。这些申请一般需提供申请权限的理由、需要使用数据的项目（project）以及访问权限的有效期等信息。之后，申请会发送给对应的数据管理员。如果申请被审批通过，那么申请者将在限定时间内将拥有数据的访问权限。为了避免之前提及的遗留访问权限问题，权限期限可以延长，但不可以申请无限期。申请数据访问权限之后，可能还需要对数据进行脱敏处理，但是现在只在需要访问数据时才进行该操作。

授权方案有很多种：

- 用户可以获得整个数据集的读权限。
- 如果只授权部分权限，可以创建一份满足使用者需求的数据拷贝（并保持更新），或者创建一张 Hive table 或视图，仅包含分析师可见的行列数据。
- 有必要的话，可以用持有相同信息的脱敏数据替换敏感数据，这能保证相关应用可以正常工作，同时也保证敏感数据不被泄漏。

预处理数据

有些情况下，采集到的数据已经是经过清洗的，可以直接进行分析。但是，大多数时候，数据需要被加工成可供分析的形式。数据预处理一般涉及以下操作：

转换

选择部分行列的子集，将不同文件、表进行合并、转换、聚合、分桶，例如，将离散数据归入特定范围或桶内（将 0~18 岁都归入“少年”的桶内，19~25 岁都归入“青年”桶内等）。有时还会对变量做特征化处理，例如将年龄超过 65 的记为 0，其他情况记为 1。当然，这个阶段还有其他许多处理步骤。

清洗

包括填补缺失值（例如，通过名字来推测缺失的性别或者通过查询地址库填补缺失的地址）、修正错误数据、处理冲突数据、将度量单位和编码与通用标准对齐，以及其他类似工作。

统一

需要统一数据集的 schema、度量单位、编码等。

正如上述例子所示，在数据预处理阶段还需要进行许多复杂的工作与思考。因此，自动化显得特别重要。从曾经的转换工作中总结经验，避免在数以千计的表与数据集上进行枯燥的重复性工作。

Excel 是使用最广的数据预处理工具。不过，Excel 并不能支持数据湖体量的数据，但是有许多类 Excel 的工具可以处理大数据量级的数据集。例如，Trifacta 依托于精妙的机器学习技术给数据转换提供建议，帮助分析师预处理数据。许多大厂商也推出了数据预处理工具，例如分析工具厂商 Tableau 和 Qlik 都在他们的产品里加强了数据预处理能力。

分析与可视化

一旦数据预处理完成，就可以用它进行分析了。分析的范畴可以从创建简单报表和可视化报告到复杂的高级分析与机器学习。

这个领域已经非常成熟了，数百个厂商为每个分析类型都提供了解决方案。特别地，诸如 Hadoop data lakes、Arcadia Data 和 AtScale 等厂商，提供了 Hadoop 原生支持的分析及可视化工具。

构建数据湖

大多数我交流过的公司，在一开始都认为他们能使用一个巨大的、自建的数据湖来囊括他们所有的数据。随着理解和实践的进步，大多数企业认识到单点数据湖并不是最优方案。受到国家数据主权政策（不允许将数据从德国国内将移动至国外）和组织架构的影响，多数据湖才是更好的解决方案。此外，当各公司开始意识到运维大规模并发集群的复杂度，意识到雇佣有经验的 Hadoop 等数据平台管理员的难度后，他们开始选择云上数据湖，这些数据湖的硬件及平台组件都由来自 Amazon、Microsoft、Google 以及其他公司的专家进行管理。

云上数据湖

除了大数据处理的专业度高和部署时间短的优势以外，低存储成本和弹性扩容能力也使云计算成为实现数据湖的良好选择。因为存储大量数据是为了满足未来需要，所以应该尽可能地选择便宜的存储方式。由 Amazon 等提供各种存储方案很好地满足了这个诉求：不同存储的访问速度不同，访问速度慢的存储会非常便宜。

此外，云计算的弹性使大型集群可以按需扩容。相比之下，自建集群的规模是固定的，它的数据存放在附属存储中（虽然附网存储的新架构已经在开发中）。这意味着当集群存储满了以后，仅仅因为存储就需要新增节点。更甚者，当分析任务是 CPU 密集型并需要更多算力时，即便是只是短期使用也需要额外增加节点。

在云上，你只需要为所需的存储资源买单（比如，你不需要为了更多存储空间购买额外的计算节点），并且你可以在短期内扩容到大型集群。举个例子，如果你有一个包括 100 个节点的自建集群，运行着一个耗时 50 小时的任务。为了让任务执行更快，购买并安装 1000 个节点并不实际。在云上，100 个节点 50 小时的计算能力与 1000 个节点 5 小时的购买价格是一样的，这就是弹性计算的巨大优势。

逻辑数据湖

一旦企业发现使用一个集中的数据湖并非良策，将更倾向于使用逻辑数据湖。通过逻辑数据湖，可以避免因某些人的需要而把所有的数据都加载到数据湖中，它通过一个集中式目录或者数据虚拟化软件为分析师提供服务。逻辑数据湖解决了完整性和冗余的问题，如图 1-12 所示。

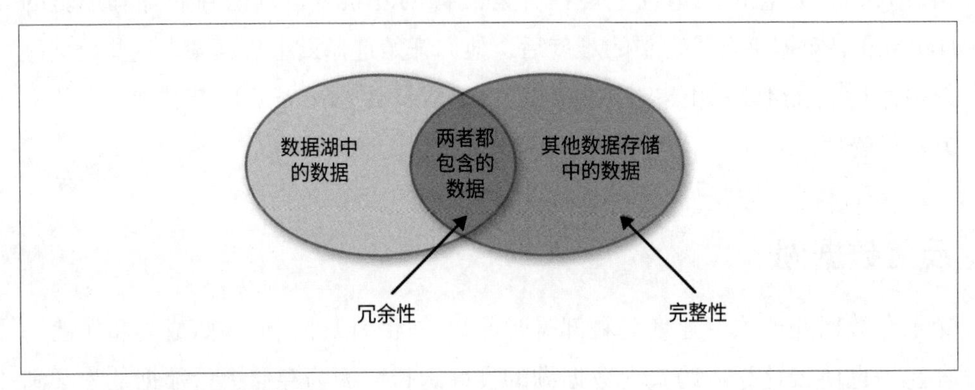

图 1-12：完整性与冗余性问题

这两个问题总结如下：

完整性

分析师如何找到最佳数据集？如果分析师只能找到数据湖中已有的数据，那么未写入数据湖中的数据（图 1-12 中右边的月牙形区域）将无法被找到并使用。

冗余性

如果我们把所有数据都导入数据湖，在数据源和数据湖中将出现冗余（如图 1-12 中重叠部分所示）。对于多数据湖，为了保证完整性，我们需要把同样的数据导入每个数据湖。

更糟的是，企业中已存在大量的冗余问题。以往一个新项目启动时，对于项目团队来说，建设一个新数据集市最简便的方式是从其他数据源或者数据仓库中拷贝，并添加自己独有的数据。这比调研已有数据集市，以及与这些集市的拥有者和用户沟通相比更为容易。但最后可能会导致新增一个高度相似的数据集市。如果我们盲目把这些数据集市的所有数据加载到数据湖中，我们的数据湖将存在高度冗余问题。

为了应对完整性和冗余的挑战，我所见过的最佳方法涵盖下列简单原则：

- 为了解决完整性问题，创建一个涵盖所有数据资产的目录，从而使分析师能够找到并获取企业任何可用的数据集。
- 为了解决冗余问题，遵循图 1-13 的流程：
  - — 只在数据湖中存储其他地方没有的数据。
  - — 只在需要时才将其他系统的数据引入数据湖，并且按需保持更新。
  - — 每个数据集只为所有用户引入一次。

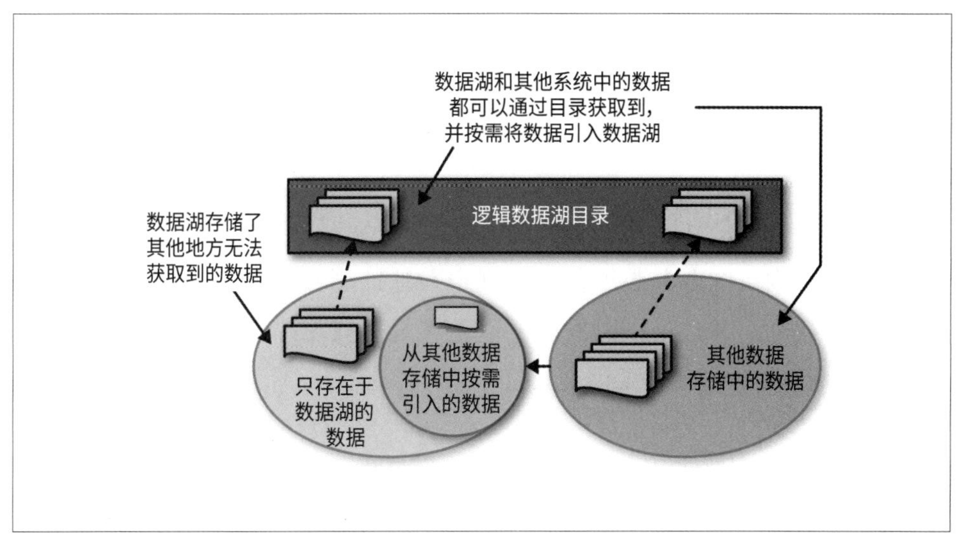

图 1-13：在逻辑数据湖中管理数据

虚拟化 VS 基于目录的逻辑数据湖

虚拟化（有时也称为联合或者 EII，即企业信息集成）是一项从 19 世纪 80 年代开始发展的技术，直到 21 世纪 10 年代经过几代优化。它主要通过创建虚拟视图或者表格，隐藏了物理表的位置和操作。如图 1-14 所示，视图由两个不同库的表合并产生。查询操作将针对视图，让数据虚拟化系统来解决如何访问和合并两个库的数据。

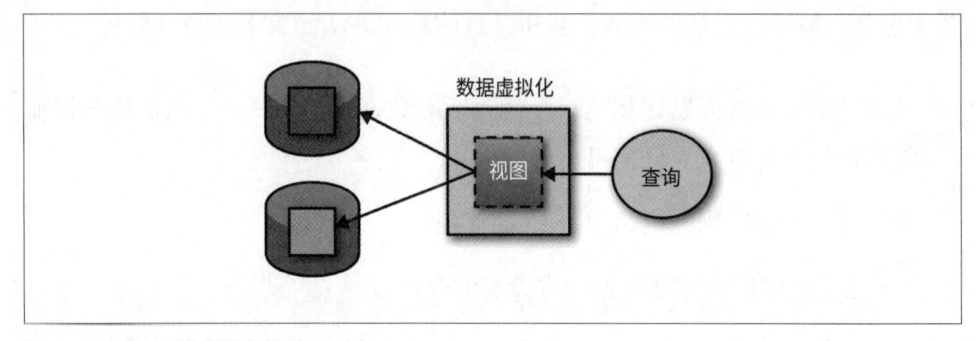

图 1-14：通过视图创建自定义数据

虽然这种技术对于一些用户场景有效，但在虚拟数据湖中，为了保证完整性，需要将所有数据集发布为虚拟表，并随着底层表结构变化而保持更新。

即使解决了每个数据资产需要发布的原始问题，视图依旧存在以下明显的问题：

- 创建虚拟视图未能简化数据查找。
- 从多个异构系统合并数据是一项复杂并且计算密集型的工作，经常引起系统负载过高并且持续时间较长。尤其是那些无法装载到内存的分布式 join，众所周知它们需要消耗大量计算资源。

相反的，在目录驱动的方法中为了数据可寻，每个数据集只需要发布元数据即可。数据集会在同一个系统（如 Hadoop 集群）的本地进行处理，如图 1-15 所示。

除了能让分析师查找并访问到所有的数据，企业目录也能够作为访问、管理、审计的集中点，如图 1-16 所示。在图中上半部分没有集中式目录，数据资产的访问遍布在各处，因此难以管理和追踪。在图下半部分有了集中式目录，所有访问请求都经过目录，因而可以对访问按需进行特定期限的授权和系统审计。

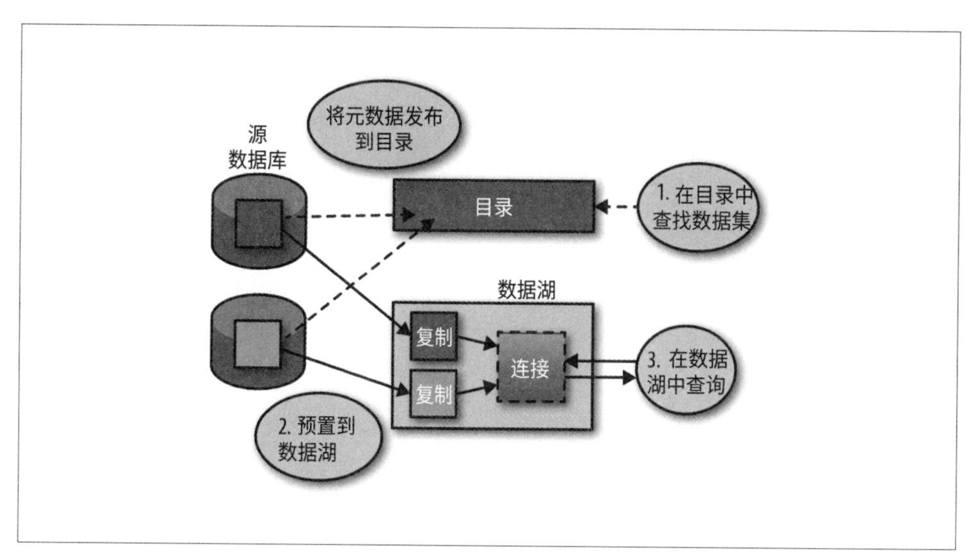

图 1-15：通过 catalog 提供元数据

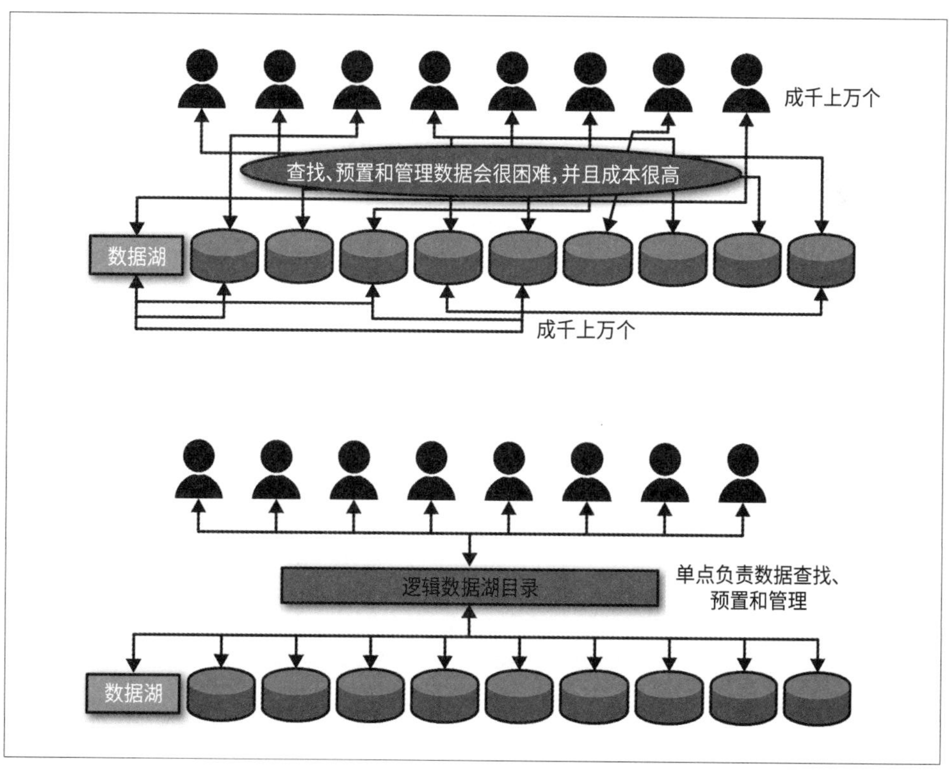

图 1-16：通过 catalog 进行数据预置与管理

小结

总而言之，成功创建数据湖的关键是使用正确的平台、加载正确的数据，并采用适合用户技能和需求的界面来提供自助服务。在本书后续部分，我们将探索如何完成这些任务。

第2章

历史背景

我们使用数据的历史非常悠久。最开始数据是按照特定方式绘画在洞穴墙壁上或者土坯上的一些图案。后来人们发明了书写系统，用来记录各种事物，比如在很多古老的泥板和手稿中记载有库存、账单和债务信息。再后来，越来越多普通的数据被收集和发布在年历和百科全书中，比如记录了最长的河流、最高的山脉、最深的湖泊、人口最多的国家、平均降雨量、最高和最低温度等。我们似乎比较热衷于对一些事物进行测量和计算、比较和追踪。但是，由于这种测量和计算过程都是手工的，非常费力，所以我们发明了机器来帮我们提升效率。这些机器最终演变成了现代计算机。

很明显，在计算、测量和存储方面，计算机的能力从一开始就远超人类。此外，计算机在其他方面也非常出色，比如逻辑应用和业务流程执行。在计算机早期阶段，人们主要关注的是程序和逻辑。数据被认为是程序的产物，它存储在应用程序中，并且能被程序访问和理解。

为了使数据更容易被人理解，程序员开发出了报表，将数据组织成易于阅读的形式。如果分析师想以不同的方式查看数据，他们必须提需求，等待开发人员开发新的报表。

数据自助服务驱动——数据库的诞生

电子表格是实现数据自助服务的首次尝试，它允许非开发人员直接使用数据。分析人员首次实现了自助处理数据，可以将其加工成想要的形式。分析师一旦拥有了这个能力，分析效率就会提升。然而，虽然电子表格很快成为最常用的决策支持工具，但它只支持少量数据的分析，也只能解决分析师的部分问题。

与此同时，很多公司开始意识到数据才是那王冠上的明珠，而不是应用程序。失去数据意味着业务将会彻底停滞。必须仔细地管理数据，确保数据的一致性，并进行备份。当然，并不是每个程序都必须具备这些功能，而应该由一种新的系统（称为数据库管理系统，DBMS）来提供这些功能。这些系统不包含编程逻辑，仅用于管理数据。

早期的数据库管理系统仍然与应用程序紧密相连，需要应用程序逻辑来理解数据，但最终，数据和应用程序之间的分离逐渐成为一种惯例，特别是随着关系数据库的出现。

关系数据库管理系统（RDBMSs）允许用户显式地用数据库来描述数据。用户可以创建 Schema，一类易读的表和字段的集合。RDBMS 的用户不必总是通过程序获取数据，而是可以直连数据库查询数据。最后，出现了一种称为结构化查询语言（SQL）的标准语言，并成为数据库通用语言。使用这种语言，用户可以自己编写查询语句，对数据进行分析。

尽管我们可以直接分析应用程序使用的原始数据，但大多数数据库为了更高效的分析仍然为应用程序提供 schema 设计支持。由于向磁盘写入或读取数据的速度相比在内存中会慢几个数量级，而一种称为范式的 schema 设计技术可以将数据分解为尽可能小的块，以确保每次数据库更新可以尽可能少地写数据。这对于检索特定数据片段（如单个客户的信息）的更新和查询很有效，但对于大规模分析（如查看客户的所有活动）非常低效，因为这会引发大量的表连接操作。

市面上已经有很多介绍关系型数据库理论和模式设计相关的书，所以我在这里只介绍关系、主键和外键以及范式等关键概念。关系数据库包含具有行和列的表。想象一下，你将关于客户的所有信息存储在一个表中，为不同的客户属性（如姓名、地址、年龄、性别等）设置列。假设现在你还希望跟踪每个客户提交的订单，你可以添加列，来表示订单号、日期、金额和其他订单属性。如果每个客户只有一个订单，那么每个客户及其订单就只有一行。但是如果客户下了多个订单呢？你会为每个订单存一行吗？这意味着将为每个订单复制所有客户数据，如表 2-1 所示。如果客户有 1000 个订单，他们的数据将被复制 1000 次。更糟的是，如果客户结婚后要搬家或改名，他们的信息就需要修改，那么你必须更新这 1000 条记录中的每一条。显然，这并不是一个高效的方法。

表 2-1：Customer_Orders 表

Name	Gender	Marital_ Status	Zip_Code	Order_ Number	Amount	Date
Mary Ng	F	Married	94301	2123123	987.19	7/12/18
Mary Ng	F	Married	94301	2221212	12.20	9/2/18
Mary Ng	F	Married	94301	2899821	5680.19	10/15/18
Tom Jones	M	Single	93443	2344332	1500.00	9/12/18

在关系数据库中这个问题的解决方案被称为范式。这是一种为了避免信息冗余而将表拆分为几个较小表的方法。例如，我们将客户信息存储在一个表中，所有客户的订单存储在另一个表中。然后，为了确定哪些订单属于哪些客户，我们会生成一个键，例如 `Customer_ID`，并将其作为 `Customers` 和 `Orders` 表的一部分，这样每个订单都将包含对应客户的 `Customer_ID` 值。`Customers` 表（表 2-2）中的 `Customer_ID` 列被称为主键，因为它唯一标识客户，而 `Orders` 表（表 2-3）中的 `Customer_ID` 列被称为外键，因为它引用客户表中的 `Customer_ID` 列。主键应该是唯一的，例如 `Customers` 表中的 `Customer_ID` 会唯一地标识一个客户，而外键则应该是主键的一个子集。如果 `Orders` 表中的 `Customer_ID` 值与 `Customers` 表中的任何客户 ID 值都不对应，那么我们将拥有所谓的孤立外键，并且将无法知道是哪个客户下的订单。主键和

外键之间的这种对应关系称为参照完整性。注意，通过将数据分为单独的 Customers 和 Orders 表，无论客户下了多少订单，客户信息都只需要存储一份。

表 2-2：Customers 表

Customer_ID	Name	Gender	Marital_Status	Zip_Code
112211	Mary Ng	F	Married	94301
299821	Tom Jones	M	Single	93443

表 2-3：Orders 表

Customer_ID	Order_Number	Amount	Date
112211	2123123	987.19	7/12/18
112211	2221212	12.20	9/2/18
112211	2899821	56.80.19	10/15/18
299821	2344332	1500.00	9/12/18
299821	2554322	11.99	9/13/18

为了了解已婚客户与未婚客户下单情况的对比，必须使用名为 *join* 的 SQL 操作将 Orders 和 Customers 表中的数据组合在一起。像这样：

```
select customers.marital_status, sum(orders.total) as total_sales from customers
join orders on
customers.customer_id = orders.customer_id group by customers.marital_status
```

这个查询通过将两个表连接在一起，从而得到不同婚姻状态客户的订单总数，如表 2-4 所示。

表 2-4：已婚和未婚客户的总订单数

Marital_Status	Total_Sales
Married	2,221,222.12
Single	102,221,222.18

尽管 join 非常强大和灵活，但它的计算成本也很高。对于那些将数据规范化为几十个甚至数百个表的大型系统，如果执行大量的 join 操作可能会导致数据库直接崩溃。为了解决这个问题，出现了一种新的解决方案。主要思路是

将数据与应用程序完全分离，具体而言是将来自多个应用程序的数据合并到一个系统中，并使用该系统进行分析。

分析必要性驱动——数据仓库的诞生

人们最初对数据仓库的设想是创建一个存储企业所有数据和历史的“仓库”，并使其可用于分析。1990年，沃尔玛创建了著名的数据仓库，通过优化物流使它成为零售业的龙头企业，并开启了数据分析热潮。每个企业都很快意识到，它可以从数据中获得巨大的价值，并有希望利用它来击败竞争对手。同样重要的是，企业意识到，如果他们不关注数据分析，他们的竞争对手可能会击败他们。突然间，每个企业都在建立数据仓库。不幸的是，与许多大型项目一样，这些项目都是由想象和希望驱动的，而不是建立在良好的用例和业务需求之上，许多项目一开始都备受关注，但都以失败告终。

幸运的是，这个行业从失败中吸取了教训，并不断创新和改进。行业通过各种专业技术来优化分析平台以支持特定用例，并解决了高效存储和分析大规模数据的问题，这些技术包括将大型数据仓库拆分为数据集市，发明了利用硬件技术优化查询任务的设备，以及使用列式存储和内存数据库。随着时间的推移，大型的工具生态系统逐渐形成，它被用于创建和管理数据仓库、管理数据质量以及跟踪数据模型和元数据。一些常见的技术包括：

- ETL（提取、转换、加载）和ELT（提取、加载、转换）工具。
- 数据质量（DQ）和剖析工具。
- 数据建模工具。
- 业务术语表。
- 元数据仓库。
- 数据管理工具。
- 主数据管理（MDM）系统。

- 企业信息集成 (EII)， 数据联邦和数据虚拟化工具。

此外，还有一些有助于创建报表和分析的工具，包括：

- 报表工具。
- 在线分析处理（OLAP）工具。
- 商业智能（BI）工具。
- 数据可视化工具。
- 高级分析工具。

我们会在下面的章节中介绍其中一些。

数据仓库生态系统

图 2-1 展示了数据仓库生态系统中的数据流。接下来将探讨其中每个组件的功能和数据流。这些工具超出了本书的范围，但必须要理解并有所感知，以便你了解常见的数据流程，以及哪些功能可以被数据湖优化或替换。

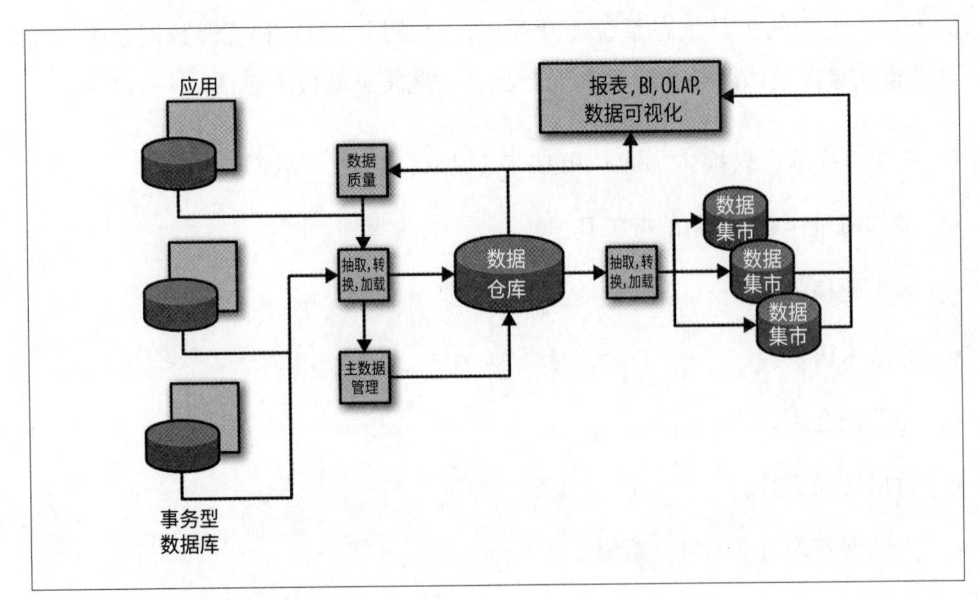

图 2-1：数据仓库生态中的数据流

除了数据流之外，数据仓库生态系统还包括丰富的元数据工作流和许多特定的元数据工具，如图 2-2 所示。接下来的章节将介绍各种工具之间的元数据工作流。生态系统中面向终端用户的两个工具位于图的顶部：业务术语表和各种报表工具。其余工具被 IT 人员用来确保终端用户正确获取到报表和分析，这些 IT 人员包括 ETL 开发人员、数据和系统架构师、数据建模人员、数据管理员、报表和 BI 开发人员以及数据库管理员。需要注意的是，这里不包括管理、备份以及其他非数据仓库特有的工具 ，而且简化了其中的一些模块，比 DQ(数据质量) 也包含数据剖析、ETL(提取、转换、加载) 应该包含血缘关系等。

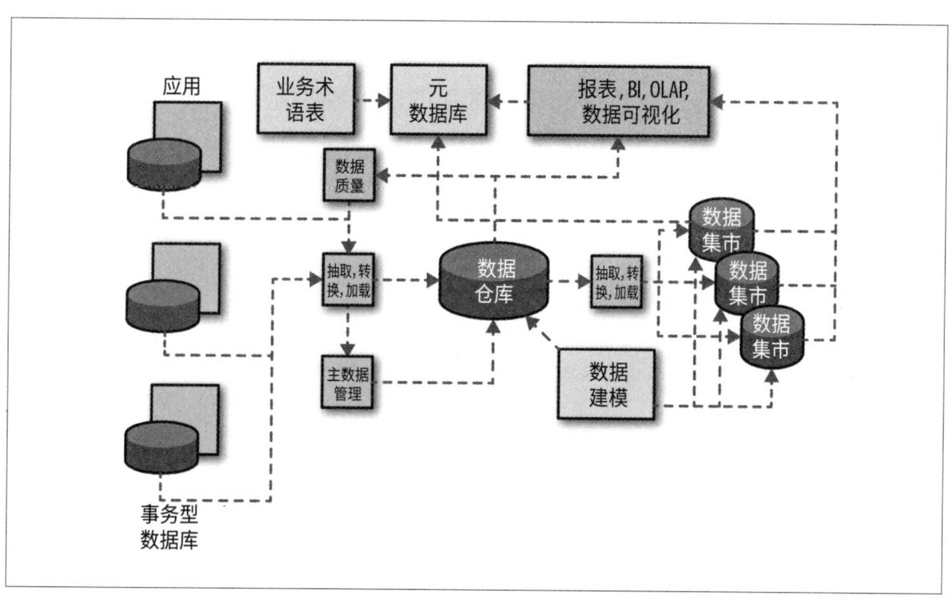

图 2-2：数据仓库生态中的元数据工作流

存储和查询数据

数据库是数据仓库的核心。通常，它是专门针对分析型处理进行过优化的关系型数据库，它具有数据量大、查询时间长、聚合和多表连接等特点。数据库通常使用了大量索引和调优技术，以确保最常见的查询具有最佳性能。

维度建模和星形模式

当关系型数据库用于支持业务系统和应用程序时，数据通常存储在高度标准化的数据模型中。标准化的数据模型试图创建具有最小冗余和最少字段的表，以提高更新效率。

例如，除了为产品、买家、零售地点等生成一些键之外，销售表可能只包含很少的信息，为了找到有用的信息，例如零售地点对应的城市，必须要花费昂贵的计算去跟另外一个表连接。

另一方面，大多数数据仓库支持非规范化的数据模型，其中每个表包含尽可能多的相关属性。这样，所有的信息都可以通过一次扫描来获取。

接下来，由于数据仓库通常包含来自多个数据源和应用程序的数据，每个数据都有自己的schema，因此必须对来自这些数据源的数据进行标准化，以将其转换为统一模型。数据仓库中常用的数据模型是星形模型，由Ralph Kimball和Margy Ross于1996年在《数据仓库工具包》（Wiley）的第一版中提出。该模型由一组维度表和事实表组成。

维度表表示正在分析的实体：在销售场景中，可能有一个包含所有客户属性（名称、地址等）的客户维度表，一个包含所有时间属性（日期、财年等）的时间维度表，以及一个包含所有产品属性（品牌、模型、价格等）的产品维度表。

事实表包含所有涉及维度的活动。例如，交易事实表将为每个订单记录一行。这行记录包括了客户维度表中的客户键、时间维度表中的时间键、产品维度表中的产品键，以及交易本身的属性（订单ID，数量、价格等）。表结构如图2-3所示。通过将数据组织成星形模型，即使像Oracle、IBM DB2和Microsoft SQL Server这类通用的关系型数据库也能获得较好的性能，而且现在许多数据库都对星形模型专门做了查询优化。

缓慢变化维

为了能进行准确的数据分析，需要随时跟踪人的状态。这样可以确保每个交易都能反映交易发生时人的状态。由于人的状态不会经常改变，因此业界引入了一种特殊的结构来表示，叫作缓慢变化维。Kimball和Ross在数据仓库工具包中也引入了这个概念。

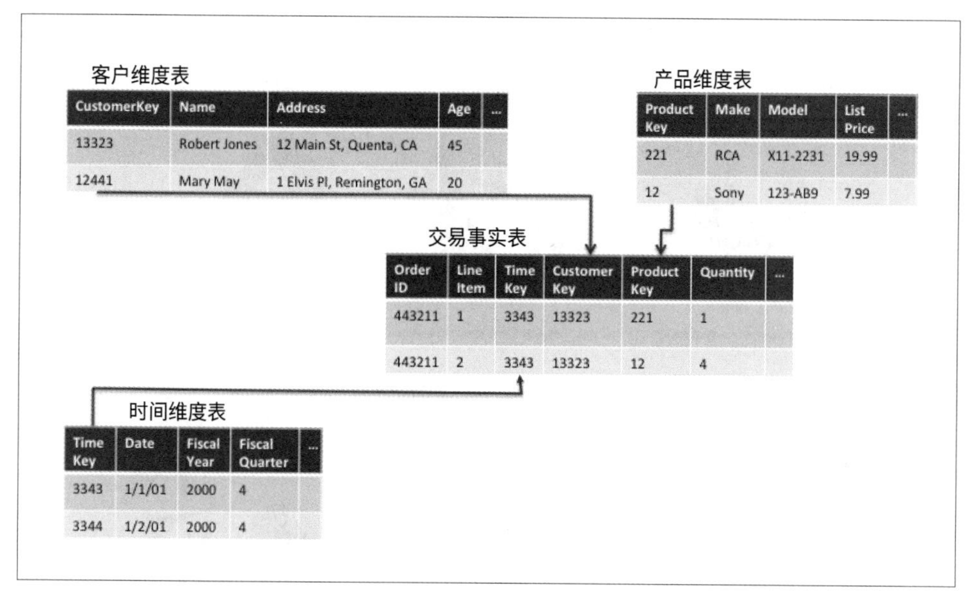

客户维度表

CustomerKey	Name	Address	Age	...
13323	Robert Jones	12 Main St, Quenta, CA	45	
12441	Mary May	1 Elvis Pl, Remington, GA	20	

产品维度表

Product Key	Make	Model	List Price	...
221	RCA	X11-2231	19.99	
12	Sony	123-AB9	7.99	

交易事实表

Order ID	Line Item	Time Key	Customer Key	Product Key	Quantity	...
443211	1	3343	13323	221	1	
443211	2	3343	13323	12	4	

时间维度表

Time Key	Date	Fiscal Year	Fiscal Quarter	...
3343	1/1/01	2000	4	
3344	1/2/01	2000	4	

图 2-3：使用简单星形模式的表

缓慢变化维的目标是随着时间的推移跟踪维度实体（例如，人）的状态，以便与实体状态相对应的交易（或事实）能够利用随时间变化的状态，从而使分析更准确。

本节通过描述最常见的缓慢变化维来解释这个基本概念，该维度通过创建多条记录来跟踪历史状态。这被维度被称为 2 类维度。

假设我们有一家商店，需要跟踪顾客的购买行为和用户的人口统计信息。在我们的例子中，假设玛丽第一次购物时处于单身状态，五年后结婚组建了家庭，两年后升级成为母亲，这期间她一直在商店购物。

在图 2-4 中，玛丽 1~5 年的购买特性反映了她的单身状态；5~7 年的购买特征反映了她已成家，随后几年的购买记录则表明她已经是一个母亲。

如果没有缓慢变化维，我们只会为 Mary 在客户表中创建一条记录，反映她作为母亲的最新状态（见图 2-5）。因此，如果我们要分析有孩子的人在旅行或运动装备上花了多少钱，我们会错误地将她 1~7 年（作为没有孩子的人）的购买行为当成一个有孩子的人的消费行为。

图 2-4：应用缓慢变化维的商店数据

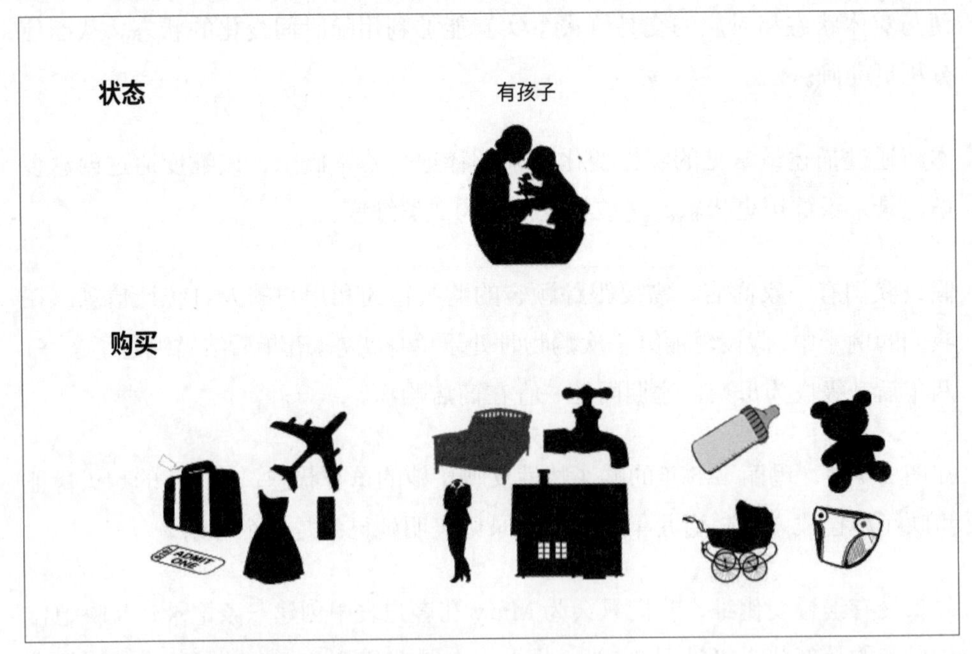

图 2-5：没有应用缓慢变化维的商店数据

然而，在缓慢变化维的帮助下，为了体现交易发生时人的状态，在每次 Mary 的状态发生变化时，客户表中将创建一条新的记录，如图 2-6 所示。所以，当玛丽的购买行为被分析时，就可以基于正确的状态来归类。

Customer Key	Name	Address	Status	Start	End	...
12441	Mary May	1 Elvis Pl, Remington, GA	Single	1/7/2008	4/1/2013	
19223	Mary May Lee	1 Elvis Pl, Remington, GA	Married	4/2/2013	9/1/2015	
21221	Mary May Lee	1 Elvis Pl, Remington, GA	Parent	9/2/2015	current	

图 2-6：每次状态的更改都会在客户维度表中为 Mary 创建一条新记录，其中包括记录有效的开始日期和结束日期

因为缓慢变化维会给 ETL 作业和分析查询增加很多复杂性，所以一般只跟踪最关键的属性（如前一个示例中的家庭状态）的历史记录。这意味着，如果其中一个未跟踪的属性变得至关重要，那么我们没有办法获取到它的演变过程。

大规模并行处理（MPP）系统

星形模型的一种替代是使用大规模并行处理集群，对于终端用户或 BI 工具来说就是一个简单的数据库。在运用这种 MPP 技术之后，Teradata 迅速成为大型数据仓库的首选数据库。通过使用专有的硬件、软件和网络协议，Teradata 数据仓库在前 Hadoop 时代具有无与伦比的可扩展性。由于 Teradata 能够并行计算，它不需要用户对数据进行建模。相反，它依靠查询优化器高效地执行复杂查询。

数据仓库（DW）设备

DW 设备试图解决在专用硬件和软件上运行高性能数据库的问题，并使其比标准的现成数据库更易于部署和管理。IBM Netezza 就是 DW 设备典型例子。

虽然这些设备不像 Teradata 和 IBMDB2 这类 MPP 系统那样具有可扩展性，但它们更易于部署和调优，可以满足大多数数据仓库和数据集市的需求。

列式存储

关系数据库将数据建模为具有行（也称为记录）和列（也称为字段）的表。例如，假设你有一个客户表，其中有 300 列，每个列代表客户的一种属性，例如姓名、地址、年龄、首次购买日期等。传统的关系数据库把每一行数据存储在一起，比如首先会存储第一个客户的所有信息，然后存储第二个客户的所有信息等。为了存储平均大小为 5 bytes 的 300 个属性，数据库需要为每个用户分配 1500 bytes，大约 1.5 KB。如果有一百万个客户，数据库将需要至少 1.5 TB 的存储空间来存储所有客户的数据（事实上需要更多的存储空间，因为记录无法整齐地放入磁盘 blocks 中，并且底层数据结构和索引同样也需要占用空间）。如果用户想知道有多少 30 岁以下的客户，数据库必须读取表中的每条记录，换句话说，它必须读取所有 1.5 TB 的数据。

列式数据库把每列的所有数据存储在一起，而不是把每行。例如，它会存储每个客户的年龄以及一个记录标识符，该标识符会标识该字段的值属于哪条记录。如果年龄需要 2 个字节，而记录标识符是 6 个字节，那么对于每个字段数据库将需要分配 8 个字节，那么对于一百万个客户需要 8 GB。因为它只需要读 8GB 就能解决统计 30 岁以下客户数量的问题，所以它至少会快 200 倍。当然，这是针对只查询少数几列的情况。如果想要查询一个用户的所有信息（全部 300 列），那么面向行的数据库只需读取一个 block，而列式数据库则需要读取 300 个 block。换句话说，与更通用的关系模型不同，列式数据库适用于特定的查询模式。著名的列式数据库有 Sybase IQ 和 Vertica。

内存数据库

虽然传统的内存访问比磁盘快几个数量级，但是它也非常昂贵。因此，很多数据库开发都把关注点集中在优化磁盘访问上。正如我斯坦福大学的数据库教授 Gio Wiederhold 经常强调的那样，“任何一个优秀的数据库工程师都应该经常统计磁盘访问次数”。有很多方法可以减少 block 读取次数，比如优化磁盘访问、缓存和预缓存、创建索引来减少 block 读取次数等。

随着内存价格的下降，在内存中存储大量数据变得可行，第一批基于内存来存储和处理数据的数据库系统应运而生。Timesten 就是其中的代表，顾名思义，它的目标是通过在内存中存储和处理数据，来实现相当于传统磁盘系统 10 倍的性能提升。最近，很多厂商也推出了内存数据库，比如 SAP 的 HANA 系统和 Apache Spark 项目。

加载数据——数据集成工具

值得注意的是，数据仓库中的数据是从应用程序和业务系统加载的。因此，首先要解决的就是把数据加载到数据仓库。

为此，会有各种方法、工具和技术。

ETL

ETL 技术已经存在 20 多年了。大多数现代 ETL 工具是在 20 世纪 90 年代中期到后期作为数据仓库发展的一部分开发的。当使用关系型数据库支持业务系统和应用程序时，通常把数据存储在高度规范化的数据模型中。在不涉及太多细节（大多数关系数据库书籍中会讲到）的情况下，规范化数据模型建议尝试创建冗余最少、字段最少的表，因此更新操作执行得非常快。另一方面，正如我们在“维度建模和星形模型”中看到的，大多数数据仓库喜欢非规范化的数据模型，其中每个表包含尽可能多的相关属性，因此所有信息都可以通过一次扫描来获取。

来自不同业务系统的数据可能存在不同的表示形式。ETL 工具的作用是将各种表示形式转换为统一的客户维度（见图 2-3），并确保不同系统中的同一个客户对应客户维度表中的同一条记录（见图 2-7）。这种维度称为一致性维度，因为客户维度会把所有传入数据归一化为统一的格式，并且能够从不同系统中的不同记录中辨识出相同的客户。在图 2-7 中，业务系统使用两个表来存储客户数据，这些表使用不同的方式来表示客户信息。例如，名字和姓氏在不同的字段中，使用出生日期而不是年龄，每个客户保留了多个地址。ETL 工具的作用是将其转换为符合数据仓库客户维度表规范的表示方式，方法是将名字和姓氏连接到同一个字段中，从出生日期开始计算年龄，将多个地址连接并生成最佳地址。

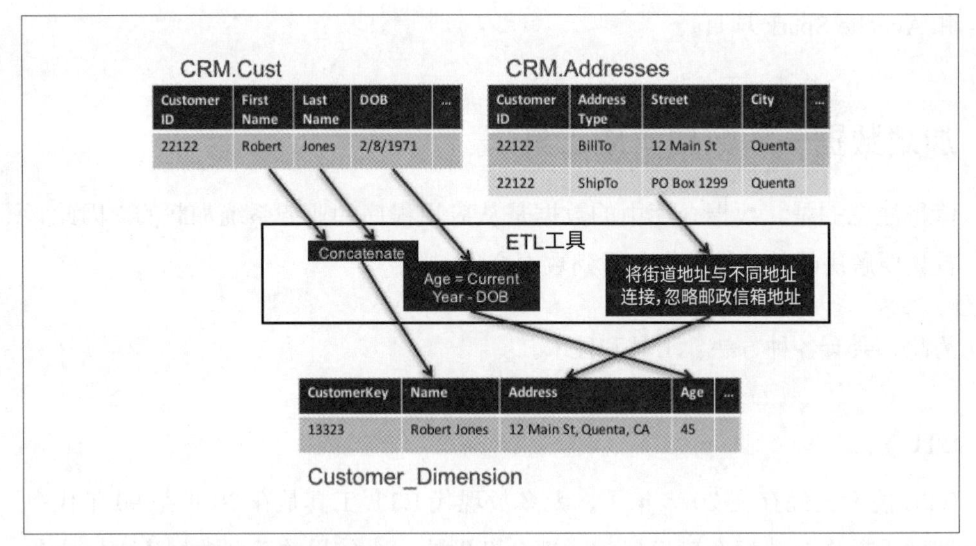

图 2-7：从多个表中提取数据以创建客户维度

此外，由于数据仓库通常包含来自许多不同数据源和应用程序的数据，每个数据仓库都有自己的 schema，因此来自这些数据源的数据必须规范化并转换为统一的 schema。

ETL 与 ELT

多年以来，Teradata 和其他高端数据库厂商鼓励客户使用他们的数据库引擎来进行清洗转换，而不是使用其他 ETL 工具。他们认为，只有像他们这样高度可扩展的系统才能处理数据仓库装载时的庞大数据量和复杂任务，这个处理被称为 ELT（提取、加载、转换）。换句话说，数据按原样加载到数据仓库中，然后使用数据库引擎转换为合适的表示形式（见图 2-8）。

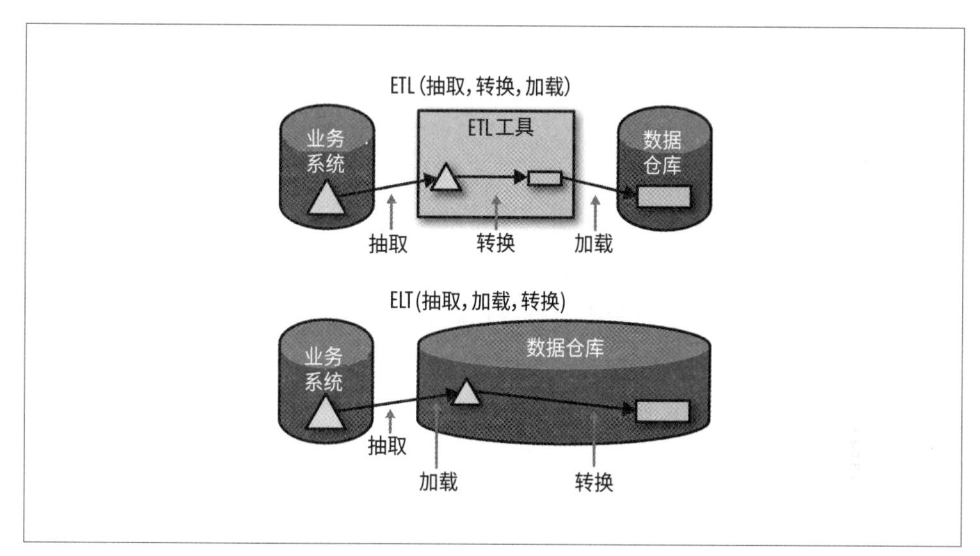

图 2-8：ETL 和 ELT 的比较

联邦、企业信息集成和数据虚拟化工具

当数据来自多个系统时，数据仓库的方式是将所有数据集中在一个地方，整合到统一的 schema 中，然后将其用于分析查询。另一种方法是跨多个系统创建逻辑或虚拟 schema，然后针对该虚拟 schema 进行查询。这种方法有许多名称，最常见的是联邦、企业信息集成（EII）和数据虚拟化。这种方式比数据仓库更适用于以下场景：

- 当源数据变更后必须保持数据同步时。因为这些工具在原始数据源上执行查询，所以结果总是最新的，而数据仓库通常会有延迟，这取决于刷新的频率。
- 当数据访问不频繁时。为每年只使用一次甚至更少的数据构建非常昂贵的数据仓库是不划算的。
- 当合规性和数据驻留条款可能会限制数据从一个源位置复制到目标位置时。

另一方面，这种方法有几个明显的缺点：

大量的手工处理

必须在不同的系统中手动定义虚拟表。

schema 和逻辑变更

尽管 schema 变更会影响把数据加载到数据仓库的 ETL 作业，但它只影响最新数据，而大部分数据仍可以用于分析。但如果使用数据虚拟化工具，schema 变更会中断查询并使所有数据在查询修复之前不可用。

性能

跨多个系统的某些查询（称为联邦查询）很明显会带来性能问题。例如，跨多个数据库的复杂多表连接和相关子查询，它的执行时间肯定比所有表在同一数据库中的执行时间长。此外，虽然在数据仓库系统中我们可以使用索引和调参来对分析进行优化，但在源数据系统中往往做不到，针对分析进行优化往往导致其他核心操作变慢。

频率

每个查询运行时都需要执行完整的作业。因此，如果存在大量针对虚拟 schema 的查询，那么在读取一次数据后，将其存储在数据仓库中，并在那里进行查询就更加高效。这样做可以大大减少对源系统压力，并且比每次查询都要读取和计算源表效率更高。一些数据虚拟化工具通过在某些临时区域缓存数据来减少浪费，但一般来说，如果访问频率非常高且数据更新不频繁，那么数据仓库可能是更好的选择。

随着数据量和数据类型的不断增长，数据虚拟化工具试图通过内存处理和缓存来提升查询性能。

图 2-9 说明了数据仓库方法与数据虚拟化方法。在图的上半部分，来自不同

数据库的两张表在 ETL 过程中组合在了一起，其结果将作为表保存在数据仓库中，后续的所有查询都基于该表进行。在图的下半部分，通过数据虚拟化创建虚拟视图，数据实际还保留在原始数据库中。

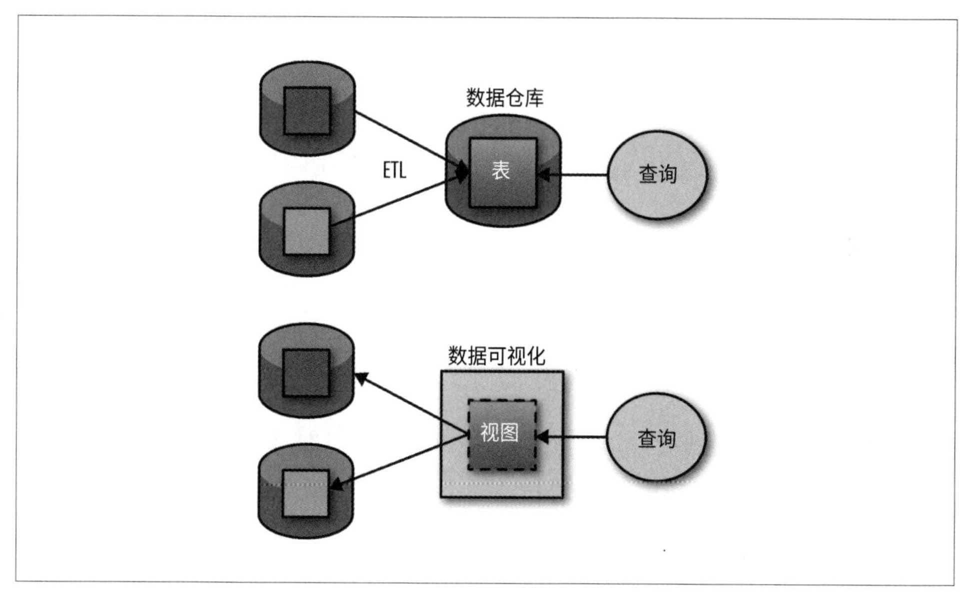

图 2-9：数据仓库和虚拟化方法的比较

组织和管理数据

数据仓库的规模和复杂性导致出现了各种用来组织数据、检查数据质量和访问控制的工具。最后一节会介绍这些工具的作用和基本用法。

数据质量工具

数据质量是数据管理中的一门成熟学科。它包括定义质量规则，将这些规则应用于数据以检测常被称为异常的违规行为，以及修复这些异常。数据质量是一个很大的话题，有很多书专门介绍数据质量，本节只进行简要说明，旨在介绍通用的方法。

数据质量规则有多种形式和粒度，但通常可以分为几大类：

标量

适用于特定值。例如，`Name` 是必填字段，应该有一个值，`Salary` 应该是一个数字，`Age` 应在 0~150 之间。

字段级别

适用于字段的所有值。最常见的例子是与字段唯一性（例如，`Customer_ID` 应该是唯一的）和字段密度（例如，`Name` 不能为空）有关，但也有一些其他规则，例如收入应该落在 X~Y 范围内。虽然这些规则中的部分（如密度规则）可能是多余的，例如名称不能为空可以表示为标量检测。进行字段级别检测的优点是我们可以提供容错能力，例如，我们可以容忍多达 10% 的客户名称为空。

记录级别

适用于单条记录中的所有字段， 例如，我们可以指定如果 `US_CITIZEN` 字段为 `True`，则 `Social_Security_Number` 字段不应为空，或者 JSON 文件中的 `Orders` 记录的根元素应该只有三个子元素。

数据集（表 / 文件）级别

适用于全部数据集，这种并不常见，通常会涉及记录的数量。例如，包含传感器数据的数据集每个传感器每小时至少应该有一个事件。

跨数据集级别

适用于跨数据集应用。引用完整性规则在关系系统中非常常见。它们声明主键应该是唯一的，并且外键字段不应该具有主键字段中不存在的值，比如 `select count(distinct order_id) from orders where fulfilled = 1`

和 `select count(distinct order_id) from shipments` 的结果应该是一样的，或者第一条 SQL 的结果行数不大于第二条 SQL。

某些数据质量规则可以通过编程方式修复，而其他规则则需要手动干预。例如，可以在主客户列表中查找缺失的客户名称，或者可以从称呼或名字中推断出缺失的性别。而有时则无法以编程方式修复数据质量问题，在这种情况下，数据需要手动修复或根据项目实际情况采用不同的修复方法。例如，如果某个账号的交易缺少一个数字，那么整理数据的分析师可能需要手动搜索账户以查看它可能匹配的账户，然后查看账户历史记录以查看是否存在对应日期对应金额的交易。如果客户收入信息丢失且分析师无法找回，他们可能会将缺失的收入值补为 0，或用平均收入进行填充，具体取决于他们正在进行的项目。

在没有数据质量规则的情况下，通常使用数据剖析技术，它通过自动收集数据、统计数据，然后确定其质量。剖析工具通常会读取所有数据，统计并跟踪每个字段的信息，如有多少值，是哪种类型（字符串、数字、日期），有多少值为空（`NULL`），最小值和最大值是什么，每个字段的最常见值是什么，以及其他具体字段相关的统计信息。使用剖析的优点是它不需要设计任何质量规则，分析人员可以根据剖析结果来确定特定项目的数据质量。例如，如果 Age 字段大部分为空，但项目中没用到该字段，那么数据集的质量还是可以接受的。几乎所有数据质量工具都包括剖析能力，不仅如此，从数据预处理到数据发现的各种工具中也同样包含这个能力。

流行的剖析和数据质量工具有 IBM Information Analyzer，Informatica DQ，SAS DataFlux 等。

MDM（主数据管理）系统

有一种被称为主数据管理系统的特殊数据质量工具被用于创建各种实体的主清单（master lists）：大部分是客户实体，也有些是产品实体（因此也称为产品信息管理系统）、供应商实体等。这些系统都非常复杂，它们从一个或多个系统获取数据，把数据适配为统一的 schema 和表示法（度量单位、代码等），并执行所谓的实体解析，即查找同一实体的多条记录。例如，由于数据重复录入、数据合并（一个公司收购了另一个，相互重叠的客户也合并成了一个客户）、人为错误或各种其他原因，某些系统为同一客户存储了多条记录。此外，不同的系统可能会使用客户的不同特征，比如三个系统可能分别使用了税号、姓名和地址、账号。MDM 系统会确保所有这些信息的一致性。

一旦识别出同一实体的记录，通常会发现它们包含冲突的信息，比如，地址不同，名称拼写略有不同等。因此，MDM 系统的另一个任务是通过自动或触发手动干预来修复这些冲突，为实体创建所有人都可用的正确记录。

MDM 供应商包括传统厂商，如 IBM，Oracle 和 Informatica，以及一些新一代的厂商，如 Tamr，它们提供机器学习功能以实现流程自动化。

数据建模工具

数据建模工具用于创建关系 schema。虽然理论上，数据建模人员可以使用诸如Erwin和IBM InfoSphere数据架构之类的工具来创建物理、逻辑和语义模型，但在实践中，大多数时候这些工具都用于创建具有主键和外键（也称为引用完整性约束）的数据实体关系模型。

schema 设计是事务型数据库的一项非常重要的工作。设计良好的 schema 可以提高数据库性能，而不良设计有时会极大地降低数据库性能。schema 的设计必须考虑：如果它是事务型的，那么它必须针对许多小事务进行良好的规范化和优化。当它用于数据仓库时应该使用维度设计来优化分析查询。schema 设计器还必须考虑可理解性和可扩展性。设计良好的 schema 通常很容易通过添加新列来更改，而设计不良的通常需要花很大代价来重构。

我们在本章前面讨论了引用完整性和规范化。由于它是一个非常核心的概念，因此所有关系数据库都提供了强制引用完整性的工具。不幸的是，如果要做到这一点，在前面的示例中，每次向 `Orders` 表添加新订单时，数据库都必须检查 `Customers` 表，以确保 `Orders` 表中的 `Customer_ID` 存在于 `Customers`

表中，如果该值不存在，则中止或拒绝该交易。这就会增加订单表更新的性能开销。它还会使处理订单的所有应用复杂化，因为它们需要一种方法来处理这些被拒绝的交易。在实践中，我没有看到任何生产数据库使用强制引用完整性。另一种方法是把有关主键和外键的信息保存在数据建模工具中，并且用数据质量工具来检查引用完整性。

元数据仓库

元数据仓库包含跨数据资产的元数据（有关数据的数据）。元数据可以手动收集，也可以通过集成各种其他工具（如 ETL 工具、BI 工具等）收集。元数据仓库有三个主要的使用场景：

搜索数据资产

例如，数据架构师可能希望知道哪些数据库中的哪些表中包含 Customer_ID。

追踪血缘（起源）

许多法规要求企业记录数据资产的血缘，或者说，这些资产的数据来自何处以及如何生成或转换。

影响分析

如果开发人员正在一个复杂的生态系统中做变更，那么总是会有引起故障的风险。影响分析允许开发人员在进行更改之前查看所有依赖于特定字段或集成作业的数据资产。

元数据存储厂商包括 IBM、Informatica、ASG Rochade 等。然而这些产品很快就会被第 8 章中介绍的一种称为数据目录的新产品所取代。

数据治理工具

数据治理工具被用来记录、归档、管理治理策略。这些工具通常定义了每个数据资产的数据管理员。数据管理员负责确保数据资产的正确性，记录其用途和血缘，并为其定义访问管理策略和生命周期管理策略。

在一些公司，数据管理员可以是一个全职的、专门的角色。在另一些公司，可以将该角色分配给与数据相关的直接业务负责人。不同公司的组织架构也各不相同：一些数据管理员隶属于正式的数据治理团队，通常由首席数据官（CDO）管理，而另一些则隶属于职能团队或业务部门，或者更罕见地隶属于 IT 部门。例如，销售数据的数据管理员可能是销售运营团队的成员。

数据管理通常是复杂的、跨职能的。例如，每个销售组可能有自己的客户关系管理（CRM）系统和自己的数据管理员，而将所有系统中的所有销售和客户数据组合在一起的数据仓库也可能有自己的数据管理员。数据治理工具最重要的功能是确定谁负责什么，以便他们能够做相关解答，执行访问授权以及其他数据策略。

一旦记录了所有权，实施数据治理计划的下一步就是记录数据治理策略。一般来说，这些通常包括以下几个方面。

访问控制和敏感数据执行标准

　　谁能看到什么？这对于敏感数据和遵守敏感数据处理法规尤为重要。例如，信用卡行业制定了支付卡行业（PCI）法规，规定了应如何处理敏感的信用卡数据。美国的医疗行业制定了称为 HIPAA 法案（Health Insurance Portability and Accountability Act）的政府法规；任何拥有欧洲客户的公司都必须遵守新制定的通用数据保护条例（General Data Protection Regulation，GDPR）。

文档或元数据管理

　　需要记录数据集的哪些内容？这通常包括血缘信息和合规信息。例如对于金融行业，BCBS 209 规则记录了 Basel III 合规性要求，要求公司所有的财务报告数据都必须保存详细的血缘信息。

数据生命周期管理

　　保留策略、备份策略等。

数据质量管理

合适的质量等级以及数据质量规则。

业务术语表

用数据表示的各种术语。术语表会组织并记录这些术语：它通常包含每个术语的正式名称和描述及其数据表示，例如，“利润”可描述如何计算利润，而“客户状态”一词可以描述客户的有效状态以及如何设置这些状态。

消费数据

一旦数据被加载并可用，分析师就可以用它生成报表、运行即席分析以及创建仪表盘。有很多这样的工具可以使用，包括许多开源和免费产品。

历史上，这些工具曾被分为报表工具、BI 工具和 OLAP 工具。报表工具的代表有 Crystal Reports 和 Jasper Reports，它们生成格式规范的报表；BI 工具的代表有 Business Objects 和 Cognos，它们创建即席报表和图表；OLAP 工具经常在内存中创建 cube，供用户进行上卷下钻操作或分析不同维度的数据。这些 cube 要么在内存中构建（例如，ArborSoft/Hyperion），要么根据需求从关系型数据库（也称为 ROLAP，例如，MicroStrategy）中构建。最终，这三类工具中的大部分功能被整合到了同一类工具中，例如 MicroStrategy 提供了所有这些功能。

第一代工具是专门为开发人员设计的，用于创建报表、仪表盘或 OLAP cube，这些产品会供分析师使用。2000 年代初，新一代的产品，如 Tableau 和 Qlik，通过向分析师提供简单的工具，使他们能够无需依赖 IT 部门就可以直接处理数据表和文件。这开创了自助分析的时代，我们将在第 6 章中介绍。

高级分析方法

高级分析在许多行业已经存在多年。从工程到保险再到金融行业，都使用统计模型和预测模型来衡量风险、模拟现实生活场景。从人类学到物理学，许多自然科学都使用统计学来测量、推断和预测。华尔街量化分析师几十年来一直在构建自动化交易模型。一个多世纪以来，保险理赔员一直在为风险和概率建模。作为计算机科学的一部分，数据挖掘已经存在了 20 多年。一个价值数十亿美元的行业已经形成，主要为统计和高级分析提供专门的工具，包括 SAS、Matlab、SPSS（现在是 IBM 的一部分）等。

作为统计学家和数据科学家曾经的专业领域，高级分析已经慢慢成为主流。现在，一些流行的软件包（如 Excel）包括了基本的统计功能，如正则回归。更重要的是，许多面向消费者的应用可以展示预测或统计模型。在 Zillow.com 这样的房地产网站上，人们使用统计模型来计算家庭信用评分的价值，用货币管理软件包为储蓄和退休收入建模。人们在日常生活中会越来越多地接触到预测性分析，并开始考虑如何能够将它们融入商业活动中。

越来越多的人在谈论“公民数据科学家”——实质上是业务分析师，他们应用高级分析来解决问题，而不是雇佣统计学家和专业数据科学家。正如现在许多高中都在教编程，大多数分析人员都很习惯使用 Excel 宏、SQL 查询甚至简单的脚本语言一样，高级分析变得越来越大众化。

小结

这篇简短的数据和数据管理技术历史已经将我们带到了 2010 年初，在下一章中，我们将介绍大数据现象及其在数据管理实践中遇到的问题。

第3章

大数据和数据科学概述

大数据的广泛使用可以追溯到 2004 年 Google 工程师 Jeffrey Dean 和 Sanjay Ghemawat 发表的一篇研究论文，“MapReduce: Simplified Data Processing on Large Clusters”。在这篇长达 13 页的论文（包括源代码）中，他们介绍了一种在大规模并行集群上运行的全新算法，实现了用合理的处理成本构建庞大索引的需求。MapReduce 的基本思想是将工作分解为可以并行运行的 Mapper 和 Reducer，其中 Reducer 处理 Mapper 的输出。第一个操作称为“mapping”，是因为它接受输入数据的每个元素，并用一个函数进行“映射（maps）”，然后让 Reducer 处理“映射”的结果。

例如，要计算集群中所有节点上所有文档的总单词数。假设每个文档存储在一个节点上，我们可以让数千个 Mapper 并行运行，生成文档列表及其单词数，然后将该列表发送给 Reducer。Reducer 接收后将创建包含所有文档及其单词数的列表，并将所有文档的计数相加得到总单词数（见图 3-1）。假设网络 IO 比磁盘 IO 要快很多，那么向 Reducer 发送列表就要比 Mapper 读取文档快很多，因此当集群扩大到很大规模时，这个程序并不会出现明显的性能下降。

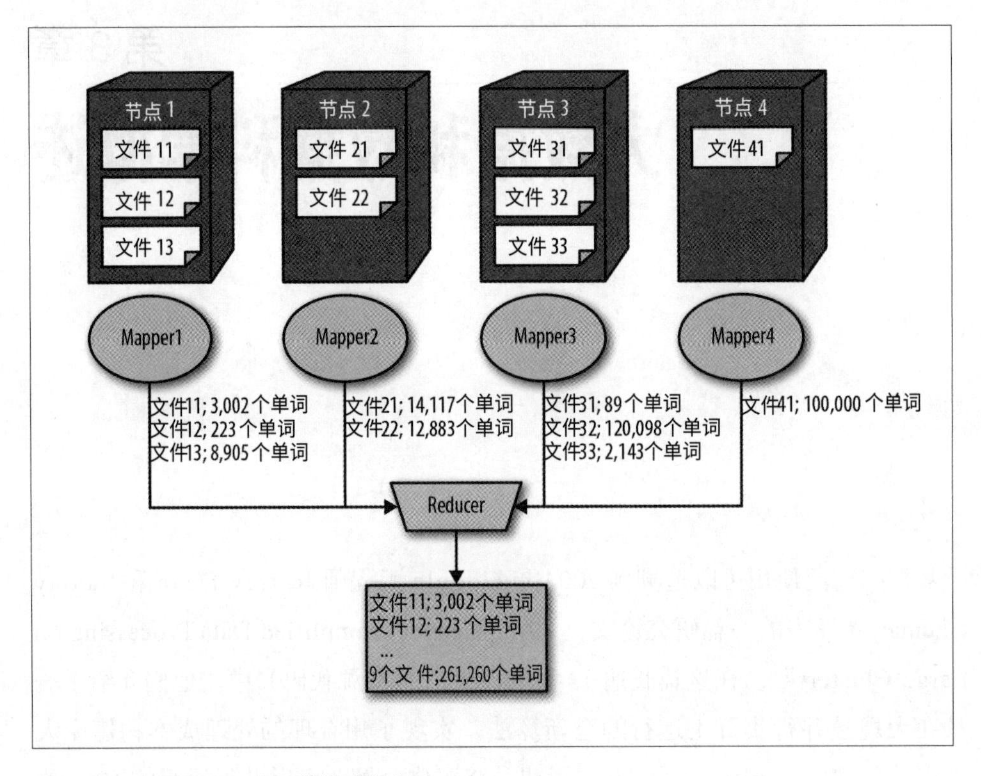

图 3-1：MapReduce 背后的基础架构

Hadoop 引领大数据的历史性转变

尽管 Google 并未将其内部的 MapReduce 工具开源，但人们受其论文启发创建了开源实现 Hadoop，该实现很快便成为各组织处理大数据的主要手段。

Hadoop 文件系统

MapReduce 需要一个特殊的文件系统来为其有效地提供数据，其中最流行的是 Hadoop 文件系统（HDFS）。它是一个高并发、高可用、自修复的文件系统。不过，它并没有实现关系模型（尽管后来在它之上建立了类 SQL 的接口），与当时发展起来的许多其他 NoSQL 数据库一样，它是一个复杂的键 / 值存储系统。

它为每个 block 制作多个副本（默认为三副本），并将这些副本存储在不同的节点上。这样，如果一个节点损坏，仍有另外两个副本可用，并且一旦检测到故障，该 block 将被复制到一个新的节点，而不会影响系统可用性。多副本也有助于负载均衡，因为我们可以选择将任务发送到包含数据的最空闲节点。例如，在图 3-2 中，文件 11 跨不同的节点存储，它有两个 block，block 1 存储在节点 1、2 和 3 上，block 2 存储在节点 1、3 和 4 上。在处理文件时，block 1 的任务可以在其中最空闲的存储节点上执行。同样地，block 2 的任务也可以在三个存储节点中任意一个上执行。如果其中一个节点（比如节点 3）损坏或不可用，HDFS 仍然可以访问其他两个副本，来获得节点 3 上每个 block 的内容，并将这些内容复制到其他可用节点上。

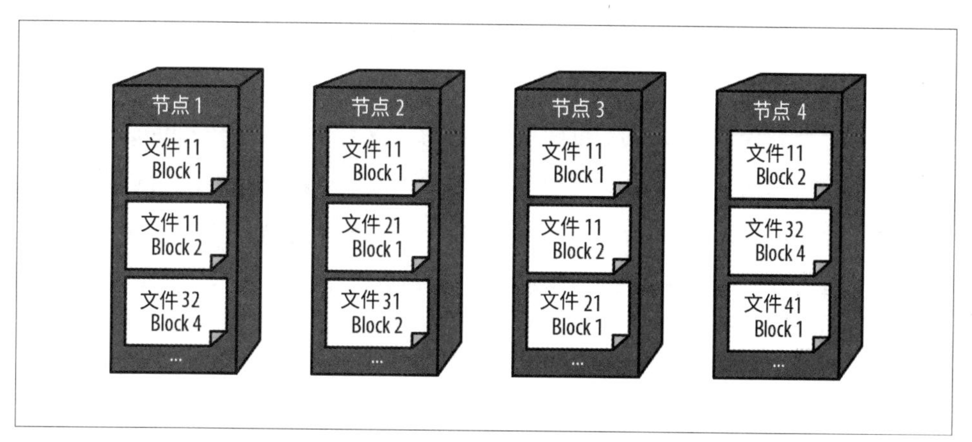

图 3-2：HDFS 中的分布式存储示例

MapReduce 作业中计算和存储如何交互

在上述单词数统计的示例中，首先会创建一个作业，其中包含所有文件中所有 block 的清单。作业管理器会将作业划分成按 block 进行统计的任务，每个 block 的任务会被发送到存储它的负载最小的节点上，从而实现负载均衡。当然，目标是创建文件的清单，因此我们需要将 block 重新组合成文件。假设这个任务对于单个节点来说过于繁重，我们可以让多个 Reducer 同时进行处理。为了确保同一 Reducer 获得同一文件的所有 block，我们将进行 MapReduce

中称为 *Shuffle* 的过程。我们知道 Mapper 的结果包含键和值，而 Shuffle 过程会用 Shuffle 函数对键进行处理，并将相同键值的任务发送到同一个 Reducer 上。例如，我们可以使用 Hash 函数，该函数接受文件名并返回 0 或 1，假定函数的实现是将文件名中所有字母的 ASCII 值相加，然后除以 2。所有文件名散列值为 0 的结果将发送给 Reducer 1，而文件名散值列为 1 的结果将发送给 Reducer 2。

当存在多个 Reducer 时，如果要将最终结果保存到单个文件中，我们就需要新增一个 Reducer 来组装所有 Reducer 的结果，这增加了处理的复杂性和时间开销。作为优化，大多数 MapReduce 作业会生成多个文件而不是一个，通常这些文件会保存在同一目录下。为了支持这种方式，大多数 Hadoop 组件都基于目录工作而非文件。例如，Pig 脚本、Hive 以及其他项目都将目录作为输入，它们会将目录中的所有文件视为单个“逻辑”文件。在图 3-3 中，我们创建了一个名为 *WordCount* 的目录，其中每个文件对应一个 Reducer 的结果。这些文件的名称通常是自动生成的，没有任何实际含义，仅在系统内部使用。所有工作都是在 *WordCount* 目录下完成的，在此整个过程中 WordCount 被视为一个逻辑文件，这和将目录下所有文件合并成一个文件是等价的。

由于要在 block 级别完成如此多的工作，因此每个 block 通常比较大，默认为 64MB 或 128MB。但由于一个 block 中只能存储一个文件，这使得 Hadoop 存储小文件的效率很低，比如存储 1 KB 文件仍然需要占用大小为 64MB 或 128 MB 的整个 block。为优化存储，Hadoop 引入了 *sequence* 文件。sequence 文件是键 / 值对的集合，通常用于将大量小文件存储在一个大文件中，方法是将小文件的名称作为键，内容作为值。

尽管 MapReduce 非常高效和优雅，但它要求开发人员仔细考虑业务逻辑并进行正确的划分。如果划分不合理，则可能会有明显的性能下降。例如有 1000 个 Mapper 运行在一个 1000 个节点组成的集群上，其中 999 个 Mapper 只需要运行 5 分钟，而最后一个需要运行 5 小时，那么整个作业将需要运行 5 小时。

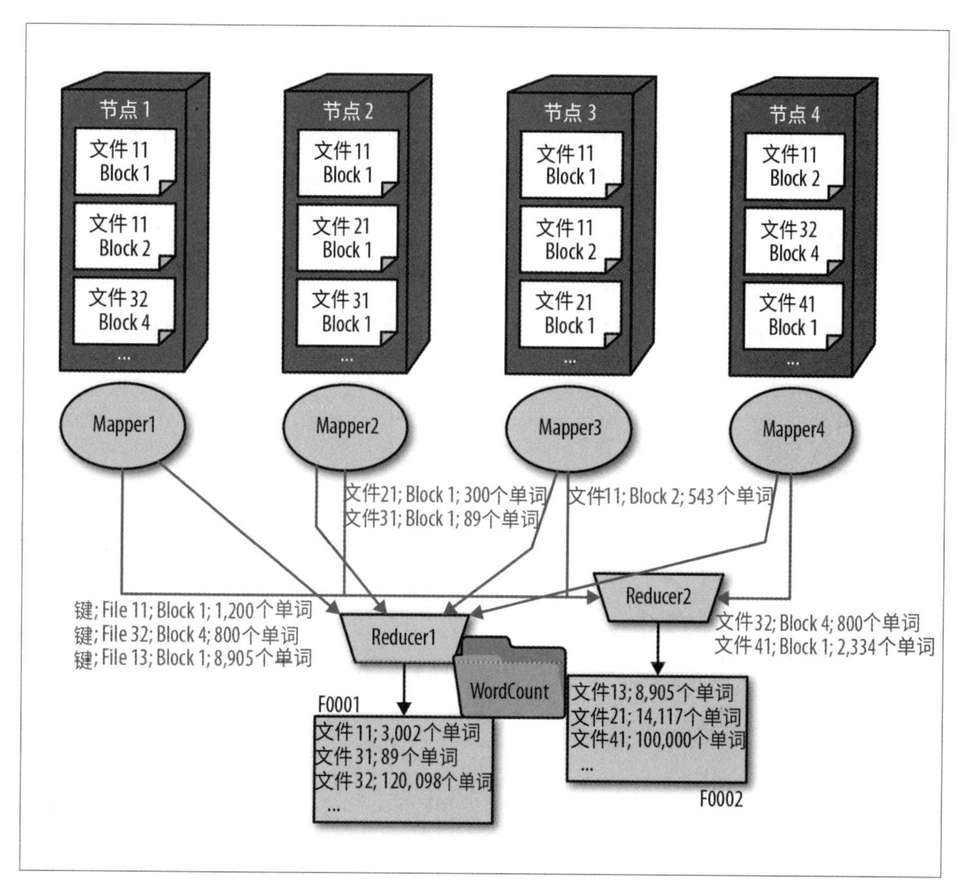

图 3-3：Hadoop 中的 Mapper、Reducer 和文件存储

Schema on Read

在关系数据库中，表的 schema（列的清单、名称及其类型）是在创建表时定义的。当数据插入到表中时，它必须符合这个预定义的结构。对 schema 的管理往往需要非常谨慎，因为所有与表 schema 不匹配的数据都将被丢弃。事实上这些数据也无法插入到表中，因为插入数据需要有与之匹配的 schema。

由于 HDFS 是一个文件系统（对于用户来说，它基本上就像一个 Linux 文件系统），所以它可以存储各种数据。当然，为了处理数据，必须为其提供一个 schema 或结构。为了实现这一点，Hadoop 采用了一种称为“schema on read”的方法，它在读取数据时将 schema 应用于数据。例如，用户可以将 HDFS 中的文件定义成 Hive 的外部表。查询时，Hive 会尝试按照表的 schema 定义来解析文件中的数据。如果数据与 schema 定义不一致，查询将失败。但是，与关系数据库不同，数据仍会被存储在 HDFS 中并保留下来。只不过在没有提供正确的 schema 之前，我们不能使用这份数据。通过这种方法，我们可以将数据以最小的代价添加到 HDFS 中，而不需要预先进行任何检查，也不需要定义任何 schema。

Hadoop 项目

Hadoop 已经孵化出了一个丰富的生态系统，覆盖了数据提取、处理以及管理等各方面。表 3-1 和表 3-2 列举了一些历史上随着 Hadoop 发行版一起发行的受欢迎项目。其中大多数是开源的，小部分 Cloudera 和 MapR 的组件需要商业授权（在表 3-1 中用 * 表示）。

表 3-1：与 Hadoop 和 HDFS 相关的流行 on-premises 工具

	Apache Hadoop	Cloudera。	Hortonworks (包括 IBM、Microsoft Azure 和 Pivotal)	MapR
采集	Sqoop, Flume		NiFi	
关系型接口 / 数据库	Hive	Hive, Impala*	Hive	Hive, Drill
NoSQL	HBase	HBase, Kudu	HBase	MapRDB (variant of HBase)
安全	Ranger	Sentry*	Ranger	
治理	Atlas	Navigator*	Atlas	Resells Waterline*
文件系统	HDFS	HDFS	HDFS	MapR-FS

表 3-2：与 Hadoop 和 HDFS 相关的流行的基于云的工具

	AWS	Azure	Google 云平台
采集	Kinesis	Event Hub	Cloud Pub/Sub
整合	Glue	ADF	Cloud Dataflow
关系型接口 / 数据库	Hive, Presto, RedShift, Aurora	Hive	Cloud Spanner

表 3-2：与 Hadoop 和 HDFS 相关的流行的基于云的工具（续）

	AWS	Azure	Google 云平台
NoSQL	DynamoDB	AzureNoSQL	Bigtable
安全		Security Center	
治理	Glue	Azure Governance	
文件系统	EBS, EFS	ADLS	ADLS
对象存储	S3	Blob Storage	GCS

Hadoop 生态系统最重要的扩展之一是 Spark，它提供了比 MapReduce 更高的速度和灵活性，是一个概念上的扩展。Spark 的产生源于网速的提高降低了存储与计算紧耦合的需求。它于 2009 年在加州大学伯克利分校的 AMPLab 创立，现在已经是一个 Apache 顶级项目。目前 Databricks 公司对其提供商业支持，并将其囊括在每个 Hadoop 的发行版中。

Spark 的核心思想是在计算机集群上创建一个大的内存数据集。与 HDFS 致力于在集群中创建单一持久化文件系统不同，Spark 在集群中创建了一个大的内存空间，这种方式更加高效。Spark 的核心是弹性分布式数据集（RDD），它被当作单一数据集使用。

Spark 的另一个改进点在于它对 MapReduce 模型的泛化延伸。在 Spark 中，可以很容易地将一个 Reducer 的结果传递给另一个 Reducer，而在 Hadoop 中这将需要烦琐的手工编码和缓慢的磁盘读写。

虽然 Spark 是用 Scala 编写的，但它提供了 Java、Python、R 及其他语言可用的编程接口。另外，它还提供了类 SQL 的访问接口 SparkSQL，通过一个叫 DataFrame 的抽象层来访问 RDD。

数据科学

很多分析过程都很类似：回顾待分析的事情，根据专家经验排查其中的问题，然后做出决策。这些分析过程有时候做得好，有时候却差强人意。人们通常依靠直觉和个人经验，很少有机会验证决策是否正确。想象一下，我们能否在事情发生之前进行预测，在事情发生之后进行验证？或者，能否先在一小部分用户上进行测试，然后再进行大规模的推广？

数据科学的思想是根据数据化的事实，来对要采取的行动提出建议。甚至连这个学科的命名也遵循这一原则。我问过这个名字的创造者 DJ Patil，问他为什么称之为“数据科学”。他告诉我，当初他想在 LinkedIn 成立一个新的小组，使用数据和高级分析来解决关于 LinkedIn 用户体验和业务的各种问题。为了给这个小组命名，他投放了三个不同的招聘广告，描述他们要找的人。所有这三个广告都针对同一职位，具有相同的工作描述和岗位要求，放在同一个招聘网站上。唯一的区别是名字，分别叫作“数据科学家”“数据分析师”和“数据工程师”。结果吸引申请者最多的是“数据科学家”的广告，所以他们把这个小组命名为“数据科学”。

这是通常被称为 *A*/*B* 或分割测试的很好例子：在做出决定之前，在不同的人群中尝试 A 和 B 两个方案，并严格衡量哪个更好。大多数数据驱动的公司，如 LinkedIn 和 Google，在无法衡量代码有效性的情况下，不允许发布任何代码。他们还通常在几个不同的市场上测试新功能，然后才将这些功能推广到更广泛的用户群。

数据科学的核心是数学（特别是统计学）、计算机科学（尤其是数据处理和机器学习）以及领域或业务知识的组合。领域知识对于数据科学家是至关重要的，它帮助数据科学家了解需要解决的问题是什么，哪些数据是相关的以及如何解释得到的结果。许多书籍和文章都是介绍数据科学相关的技术，而本书重点关注如何在大型企业中使用数据科学。为了介绍这些核心概念，我在此附上由 Veijko Krunic 撰写的短文，他主要从事大型企业数据科学实践咨询。

你的分析机构应该关注什么？

Veljko Krunic 是名独立的顾问和培训师，他帮助客户借助数据科学和大数据来获得最佳的业务成果。他曾与各类组织合作过，从《财富》10 强到早期初创企业，在大数据和分析解决方案的整个生命周期中给予他们指导，内容从早期的概念验证一直到关键任务系统的改进。他曾任职于 Hortonworks、VMware 的 SpringSource 部门以及 RedHat 的 JBoss 部门。Veljko Krunic 拥有计算机科学博士学位以及博尔德科罗拉多大学工程管理硕士学位，研究方向是质量科学中的战略规划和应用统计。他同时也是六西格玛的黑带大师。

许多公司投资了大数据和数据科学领域，并理所当然地期望获得巨大的商业回报。而由于这些大数据系统和数据科学方法可能是近年来进入企业市场最复杂的技术之一，需要大量的投入。因此通过这些工具和技术取得的成果，往往很难和组织的期望相匹配。

作为管理层，你将接触到各种各样的新技术和概念。在数据科学方面，你可能已经听说过深度学习、HMM（Hidden Markov Model，隐马尔可夫模型）、贝叶斯网络、 GLM（Generalized Linear Model，广义线性模型）、SVM（Support Vector Machine，支持向量机）等名词。在大数据基础设施方面，你可能听到过诸如 Spark、HDFS、MapReduce、HBase、Cassandra、Hadoop、Impala、Storm、Hive 以及 Flink 等术语。截至 2018 年年底，Hortonworks 发行的 Hadoop 中包含了 26 个 Apache 项目，而 Apache 软件基金会有超过 300 个活跃项目，其中许多项目是与数据相关的。还有数百个商业产品在大数据生态中争夺一席之地。这使得即使是受过专业培训的员工，也很容易在这些噪音中迷失方向，很少有数据科学家或架构师能熟悉（甚至精通）所有领域。各个部分的知识更有可能分散在团队的不同成员中，甚至有可能这是团队第一次进行类似的项目。

这篇短文的目的是让你关注作为管理层需要回答的一些重要问题。你怎么知道项目正朝着最有利于商业成功的方向发展，而不是仅按照你的团队现有的知识所能决定的方向发展？当没有人擅长项目中所有领域时，你怎么知道你正在投资的领域能否带来最好的回报？你怎么才能避免进行不幸的“知识扑克”游戏，在这种游戏中，团队成员被认为拥有项目所需的所有知识，但是没有人真正知道团队应该掌握哪些知识，以及目前是否已经涵盖了项目的全部范围。

当然，前面提到的技术对许多项目都很重要。但是，如果你在与数据科学和大数据团队交谈时只听到这些术语，那么你应该问问自己，团队是否将注意力放在了整体系统上，有没有因过度关注系统的某些部分而忘记了系统的整体目标。尤其是，团队的注意力是放在管理层需要的东西上，还是放在团队成员知道（或希望学习）的东西上？作为整体系统工程的基本原则，你应该考虑工程与业务之间的关系，并将重点放在最终结果上。

如果你的团队没有把注意力集中在整体系统上，那不是他们的错。公正地说，到目前为止，整个行业都缺乏对系统整体性的关注。大多数演讲、会议和营销材料只关注少数技术，这些技术只是分析获得成功的一部分原因。花费在系统工程上的时间比花在技术上的要少得多。大数据系统是一个必须符合业务目的的工程系统，这个简单但基本的概念在社区中却很少被提及。

现在人们越来越关注系统的各个部分，例如为了在可选方法之间做出正确的选择，人们会花大量的时间讨论各个机器学习方法的优劣。虽然这些是重要的战术决策，但你应该避免在了解战略之前就陷入技术决策的细节。

让我们以 MNIST 数据集来举例，它主要被用于一个分类问题，计算机需要对从 0~9 的手写数字进行分类。这可能是当今计算机视觉中使用最广泛的数据集了，它被用于测试各种计算机视觉算法，范围从课堂项目到大型互联网公司项目。1998~2016 年间，分类错误率从 2.4%（用相对简单的 k- 近邻算法实现）降低到了 0.21%（用深度神经网络集成实现）[注1]。18 年以来，机器学习领域中最聪明的一群人努力将错误率降低了 2.19%。这是一项重大的改进，例如允许计算机扫描器自动读取写在信封上的大部分地址，而不是人工查看每个信封。

但是，在业务项目中，你也许不应该将注意力放在各分类算法的差异上。你需要问的基本问题是："x% 的差异对项目的成功有很大的影响吗？"答案是有时会有时不会。有时你并不需要最好的分类方法，而只需要收集更多的数据就可能得到更好的结果。

从系统工程的角度看，避免无法恢复的大陷阱比在两个可选项之间做出最佳选择更为重要，无论比较的是方法还是产品。当然，如果你没有对系统的某个特定部分做出最佳选择，可能会在竞争中处于很大劣势，这个错误将来甚至可能会扼杀你。但在"将来"到来之前，你必须首先开发出可行产品，才有机会迎接"将来"。

虽然大数据和数据科学确实带来了重要的新元素，但它们并没有显著改变系统工程的最佳实践。作为管理层，如果在与数据科学团队沟通后，你能够清楚、简洁地回答以下问题，那说明你正处在一个良性的过程中，有机会开发出可行产品：

1. 他们谈论的数据科学概念与业务有什么关系？
2. 你所在组织是否已准备好根据分析结果采取行动（业务结果不会因为

注 1：参见 *http://yann.lecun.com/exdb/mnist/* 和 *http://rodrigob.github.io/are_we_there_yet/build/classification_datasets_results.html*。

你完成了分析而神奇地实现，只有当你根据分析结果采取适当的行动后才有可能。无论是在项目开始时还是整个项目过程中，你都需要清楚地了解对组织而言可行的业务行动）？

3. 你应该在机器学习系统的哪一部分投入资源来获得最好的“回报”？
4. 如果在回答上一个问题之前需要做更多研究，那么这项研究到底是什么，他们希望从中得到的答案有哪些，完成这项研究还缺少什么（尝试各种方法所需的时间、额外的数据等）？

成功的关键在于，你投入的是一个能够产生可预测结果（或一系列可能结果)的系统工程,还是一个结果可能很好但不完全可预测的研究型项目。虽然商业和工业有交集，但你绝不应该将这两类项目搞混。你应该指导团队，让团队成员专注于按正确的方式开展项目。项目的主要危险信号是无法清楚地回答前面的问题，在能够“产生价值”之前，其他更好的方法提供不了太多帮助。

整体系统工程的过程超出了本书的范围，但是有一个关键的部分，如果你应用了将会得到正确的结果。这个关键的部分是，了解你为什么需要理解数据，并且明白理解数据是个很大的挑战。

有些团队错误地认为,只要将数据简单地记录在某个数据库或数据湖中，他们就自然地成了数据方面的专家。这并不是事实，他们应该把所有的精力都放在“其他更重要的问题”上。事实上，对现代企业数据进行分类和理解是个复杂的问题，组织必须在数据治理上投入大量的资源来完成这些工作。如果你的数据有误，那么将分类错误率降低 2.19% 并没有任何帮助。如果你使用了错误的数据或没有正确理解数据，那么必须尽快改变方向。幸运的是，在工具方面所做的投入或许能被复用。

查找和实施正确的数据方法是系统工程的一个关键方面，并且应该在项目开始时对该方法进行评估，以确保你处于正确的方向上。

机器学习

机器学习是指训练计算机程序以建立基于数据的统计模型的过程。这是一个非常广泛和深入的话题，我们不打算在这里展开，本节的目的是为了让你简单了解机器学习的内容。

机器学习可以分为监督学习与无监督学习。监督学习需要提供训练数据以创建模型。例如，假设我们想要预测特定区域的房屋价格，我们可以向模型提供历史销售数据，以此创建一个公式，该公式应该能准确预测其他类似房屋的价格。

各种机器学习算法已经存在多年，并且已被很好地理解和信任。虽然有数千种算法，并且一直在改进中，但最常见的算法，如线性回归，可以在 Microsoft Excel 等通用工具中使用。所以机器学习的难点通常不在于模型，而在于数据。

如果没有正确的数据，模型将不稳定。如果一个模型在测试数据上表现得很好，却不能准确地预测实际数据的结果，那么它就是不稳定的。一种常见的技术是将历史数据分解为两个随机数据集，在一个（训练数据集）上训练模型，然后将模型应用于另一个（测试数据集），以检验其预测结果的准确性。这或许能够发现一些问题，但是如果整个数据集有偏差，那么该模型在用于预测现实数据时，仍然会不稳定。此外，训练模型的条件可能会改变，模型可能不再适用。这被称为“模型漂移”。例如，在房价预测示例中，新道路或新商业圈可能会明显影响价格，我们需要重新训练模型以体现这些新信息。

一般而言，创建出好模型的关键是拥有正确的特征，即模型的输入决定了结果。想象一下，如果在房价预测示例中，我们没有考虑学校的教学质量因素，假设一所学校比另一所学校好得多，那么同一条街上位于不同学区的两栋一模一样的房屋可能会有不同的价格。此时，无论我们训练模型的数据有多少，如果缺少了这个特征，那我们将也无法准确预测价格。即使有正确的特征，我们也必须有具有代表性的数据。例如，如果所有的数据都来自教学质量相近的学区，那么模型将被训练为忽略学校的教学质量，因为它不会对房价产生影响。为了精确地训练这个模型，我们需要来自不同教学质量学区的有代表性数据。特征工程是每个数据科学家必须完成的最关键任务之一。

数据不仅需要正确的，还需要是高质量的。在常规分析中，数据问题经常会导致得出明显没有意义的结果，而在机器学习中，除非使模型不稳定，否则很难发现不良数据。例如，在我们的例子中，即使学区信息被破坏或有误，只要训练和测试数据集数据被破坏的方式是一致的，我们依然可能建立一个稳定的模型，但是该模型对于信息未被破坏的真实数据很可能是无用的。

无监督学习是指作用于无标签数据的机器学习。客户细分通常是通过无监督学习来完成的，我们向程序提供一组客户和大量不同的人口统计信息，算法会将数据分成“相似”客户的存储桶。就像有监督学习一样，如果分类算法基于错误的数据，它可能会产生不可靠的结果，并且可能很难弄清楚每一段被分错的原因（假设客户被分成7段，每段包含100000个客户）。由于模型往往复杂到让人难以理解，因此可解释性已成为机器学习的一个主要课题。

可解释性

我曾与一位数据科学家进行过一次有趣的讨论，他曾做过一个客户细分项目。当他向客户展示模型结果时，营销副总裁从同一分组中挑选了两个客户记录，并询问为什么这两个记录被分组在一起。由于数据科学家只知道模型是如何被训练的，因此他无法解释这个现象。而副总裁宣称如果没有人可以向他解释清楚，他将不会在基于这个分类的营销活动上投资数十万美元。

可解释性不仅仅是出于好奇心或帮助调试，这是一个建立信任的根本问题。分析人员经常被要求证明他们使用的模型没有做出不适当或非法的判定。“歧视”是其中一个棘手的领域。想象在一个城镇中，一个种族的平均收入大约是另一个种族的四分之一。那么是否应允许该模型将种族视为一个变量？大多数人(以及反歧视的法律)都会拒绝，但如果我们需要根据收入做出决策呢？收入更高的人能在当地的银行或商店获得更高的信贷限额，这似乎是种常识，也相当公平。然而，如果我们不知道人们申请信贷时的真实收入水平怎么办？大多数商店信贷申请不需要所得税申报表或工资单。此外有些人即使家庭收入很高，但他们自己可能以打零工为生，并没有固定的收入。而还有一些人可能没有信用记录或分数，无法用于验证。怎么办？

一个聪明的数据科学家可能会试图从名字和姓氏中推断出种族，并对照申请人报告的收入，交叉参考该镇该种族的平均收入。如果推断的收入和申报的收入相差很远，申请过程将需要额外的信用检查，这合法吗？我们现在是在种族歧视吗？信贷员并不知道“计算机”为什么需要进行额外的信用检查。如果不是数据科学家有意识地检查种族，而是由算法自己发现了姓名和收入水平之间的相关性，那会怎么样？

这些问题需要可解释性。是哪些变量促成了这个决策？这些变量的值是什么？这是一个有难度但又有前途的机器学习领域。学术界以及像 FICO 这样的机器学习公司都已经在这方面进行了大量的努力。

变更管理

由于现实世界很少保持不变，在某个时间点上能代表现实世界的模型可能会在以后失去它们的预测能力，这就是所谓的模型漂移。由于模型的输出是预测性的，因此难以判断预测的好坏。在实际事件发生之前，很难判断模型是否仍然有效。因此，持续监控对于保持模型的准确运行至关重要。如果检测到漂移，则需要根据新数据对模型进行重新训练。此外，数据也可能会发生漂移。例如，在油田等恶劣条件下的物联网传感器可能会出现问题。其中一些可能会产出错误的数据，必须禁用这些数据以避免对模型结果产生影响。必须检查数据漂移导致的异常值，避免不正确的数据损坏模型。

此外，在新数据上重新运行现有模型可能无法生成一个稳定的模型，因为该模型不能反映任何影响结果的新变量。例如，曾经准确预测某个社区房屋销售价格的模型，应该不会考虑到正在修建的一条新高速公路，而与高速公路的距离会明显影响房价。在将新变量（和新高速公路的距离）添加到模型之前，模型可能无法准确预测房价。简而言之，我们必须定期构建新的模型，或者使用当前最合适的机器学习算法重新训练现有模型。

小结

高级分析、机器学习、预测分析、推荐引擎……这个清单很长，这里仍有许多挑战需要克服，但这项技术非常有前景。这些技术已经开始改变我们的生活，从自动驾驶汽车，到大幅提升的语音识别和视觉识别技术，从寻找遗传密码中的疾病信号，到读取物联网信号以提供预测性维护，再到房价预测。所有这些都运行在数据之上，而要获取这些数据，还有什么比企业数据湖更好的地方呢？

第 4 章

建立数据湖

如前所述，建设数据湖的目的是提供一种存储企业数据的方案，旨在将分析师和数据科学家所需数据的易用性和可用性提升到极致。但是，以什么样的方式启动数据湖项目最合适呢？本章将介绍几种常见方案。

Apache Hadoop是建设数据湖常用的开源项目。虽然还有其他方案可供选择(尤其是在云平台上)，但就这些方案所具备的优点来说，基于 Hadoop 的数据湖有很好的代表性，所以我们以 Hadoop 为例进行讨论。我们先回顾一下用它来建设数据湖所具有的优势。

为什么是 Hadoop

Hadoop 是一个大规模存储和并行执行的平台，它可以自动化处理一些在构建高扩展性和高可用性集群时会遇到的技术难点。它拥有自己的分布式文件系统，HDFS（尽管一些 Hadoop 的发行版提供自己的文件系统来代替 HDFS，比如 MapR 和 IBM）。HDFS 通过在集群内自动保存数据副本来达到高并发和高可用性的目的。例如，Hadoop 默认会将每块数据存储三份，并且将这些副本分布在三个不同的节点上。按照这种方式，当一个作业需要这块数据的时候，调度器可以根据这三个节点上正在运行的其他作业情况和存储的数据等信息选择最优节点来提供服务。此外，如果其中的一个节点损坏，系统会动态地为那个节点上的所有数据块创建新的副本，而其他两个节点可以继续执行当前的任务。就像前面章节提及的，MapReduce 是运行在 Hadoop 上的、利用 HDFS 的能力开发大规模并发应用的编程模型。它允许开发者创建 Mapper 和 Reducer 两种类型的函数。Mapper 并行地处理数据，Reducer 搜集 Mapper 的输出，并计算最终结果。举一个例子，在统计文件单词数量的程序中，Mapper 函数读取文件的一块数据，统计其中包含的单词数量，输出文件名和相应的统计结果。Reducer 从 Mapper 获得一系列的统计结果，对每一个文件的所有数据块的统计结果加和并作为最终输出。该模型通过 *sort and shuffle* 这个中间过程来保证相同文件的统计数据都由同一个 Reducer 处理。使用 Hadoop 的好处在于 MapReduce 任务本身不用关心数据存储在哪里、哪些函数应该在哪些节点上执行、哪些节点执行失败等，这些都由 Hadoop 自动处理，对 MR 任务来说是透明的。

Apache Spark 提供了一个可以跨多个节点处理内存中大量数据的执行引擎，Spark 随着 Hadoop 发行版一起提供，相比 MapReduce 来说性能更好、编程也更容易，更适合 ad-hoc 查询和近实时处理，也可以像 Map-Reduce 那样利用 HDFS 的数据本地化优点来优化处理性能。Spark 包含了一系列有用的功能模块，包括 SparkSQL、DataFrames 等。SparkSQL 为用户提供了 SQL 接口，DataFrames 则为用户提供了统一的异构数据源处理能力。

然而，Hadoop 最具吸引力的地方在于，它是一个完整的平台和生态系统，囊括了丰富的开源和专有的工具来解决各种各样的问题（见图 4-1）。其中最知名的工具如下：

Hive

类 SQL 的 Hadoop 访问接口。

Spark

基于内存的执行系统。

Yarn

分布式资源管理器。

Oozie

工作流系统。

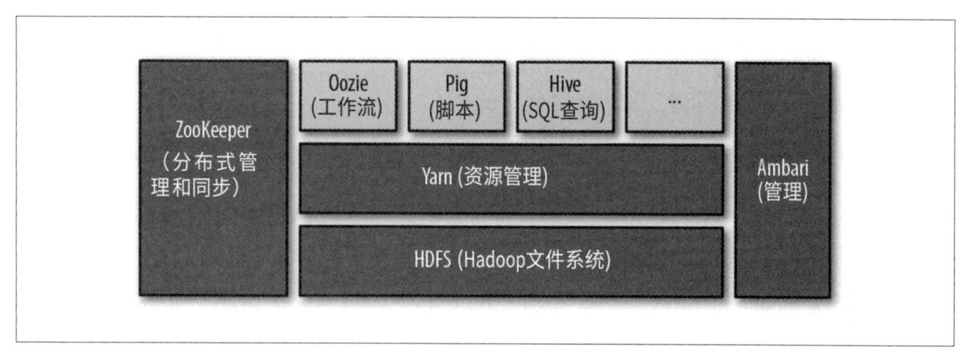

图 4-1：Hadoop 架构示例

Hadoop 的某些特点使得它非常适合作为长期的数据存储和管理平台，这些特点如下：

极具扩展性

大多数的企业数据量不断增长，甚至呈指数级增长。这需要越来越多的计算资源来处理数据。Hadoop 的设计使得它可以简单地通过增加节点进行扩展。来自 Yahoo! 和 Facebook 等公司的几个世界上最大的集群都是基于它搭建的。

成本低廉

Hadoop 可以和现存的、廉价硬件一起工作；它运行在 Linux 操作系统之上；使用免费、开源的工具。这些使得 Hadoop 成本非常低廉。

模块化

传统的数据管理系统是单一的整体。例如，在传统关系型数据库中的数据只能通过关系查询进行访问，即使有人开发了一个更好的数据处理工具或者更快的查询引擎，也无法使用已有的数据文件。关系型数据管理系统需要有严格的 schema（模式）控制：在存储数据之前，必须预先定义好数据的 schema，数据变更时，可能还需要小心地修改数据的 schema，这种方式就是所谓的“schema on write”。Hadoop 从一开始就采用模块化的设计方式，同一个文件可以被任何应用使用。例如，文件既可以用于Hive进行关系查询，也可以用于定制的MapReduce程序执行复杂的分析任务。模块化的特点让Hadoop成为长期存储和管理数据平台的理想选择，因为新的数据管理技术也可以通过开放接口来使用Hadoop中的数据。

松散的schema耦合或者"schema on read"

不像传统的关系数据库，在写入数据的时候，Hadoop不要求数据具备任何的schema。这个特点使得它可以支持数据的平滑导入，即数据的导入不需要任何的检查和预处理。在我们不知道未来会如何使用数据的情况下，平滑导入数据可以避免一些不必要的数据处理和管理开销。更何况，对于未来的应用，这些处理方式或许根本就是错误的。因此最好的策略是保留原始数据，在需求确定之后再按需做数据转换。

如果你想创建一个长期存储和分析数据的系统，这个系统需要具备经济、易扩展和高可用等特点，数据的导入不能太烦琐，能够支持未来的技术、应用和项目。从上面的简单讨论可以看出，Hadoop很好地满足了这些要求。

防止数据水洼扩散

随着大数据技术的兴起，一些供应商和系统集成商经常鼓吹大数据技术对业务的直接价值。这些人通常希望通过基于云的解决方案来实现快速投资回报（ROI）。之前，一些商业团队会发现他们的项目往往一直在IT团队的任务队列中等待处理，他们为获得优先处理权和关注度而费尽心思，抑或发现IT团队本身缺乏相应的技术能力来处理他们的业务需求。大数据技术的出现为解决这些问题带来了一线希望。在几周或者几个月的时间内就可以完成他们的项目，而之前则可能需要等上几年的时间。

其中一些项目很快取得了成功，这会鼓励其他团队也开展类似的项目。很快，一些商业团队建立起了自建或者基于云的"shadow IT"和自己的小型

Hadoop 集群（有时叫作数据水洼）。这些单一用途的集群通常很小，并且可能使用任何系统集成商（SI）或企业开发人员熟悉的技术进行专门构建，所加载的数据也没有经过严格的来源管控。

不幸的是，开源技术对于这种快速发展来说，仍然不够稳定和标准化。系统集成商一旦进入项目实施阶段，很可能遇到各种问题：任务无法运行、依赖库需要升级、技术不兼容等。这些数据水洼最终只有被抛弃或者转交给 IT 团队。此外，由于数据水洼会造成数据孤岛，因此难以重复使用水洼中的数据以及基于这些数据的工作成果。

为了防止这样的场景发生，一些企业开始转换方向，改为建立中心化的数据湖。当业务团队需要时，可以直接使用数据湖中准备就绪的计算资源和数据。通过提供可管理的计算资源、预先加载的数据以及自助服务，让用户拥有自治能力，企业数据湖在两个方面给业务团队带来不错的体验：用户很难维护的组件由系统提供支持（基于 Hadoop 平台和数据管理），项目不再依赖 IT 团队的帮助。

这是一个很好的防御型策略，有时甚至是必要的，但要充分利用大数据提供的能力，它还应该与下一节中将描述的策略之一结合。

利用大数据的优势

本节中，我们将讨论数据湖的几个常见使用场景。在那些由业务领导大力推进大数据技术的公司中，数据湖往往是 IT 为了防止数据水洼（小而独立的集群，往往是一些已经离开的系统集成商使用各种技术创建）的扩散而创建的。

如果尝试为公司引进大数据技术，有下面这些常见的途径：

- 从迁移一些已有的功能到 Hadoop 开始，不断添加更多的数据，最后扩展成为数据湖。

- 以数据科学提案开始，充分展示快速获得投资回报的能力，然后扩张成为一个完整的数据湖。
- 作为数据治理中心，从无到有创建数据湖。

对于你来说，哪一个途径是最合适的呢？这取决于你们公司所处的阶段、你的角色，以及在这一节将讲述到的其他需要考虑的事情。

以数据科学为先导

确定一个具有高关注度、能够影响营收的数据科学提案非常有吸引力。数据科学是一个在数据上运用高级分析方法和机器学习的常用术语。通常，数据仓库在有效支持业务方面被寄予厚望，但它最终只被用于支持报表和交互式分析。因此，虽然数据仓库对于运营业务仍然至关重要，但它们通常被认为只是必要开销，而非战略投资。它们也不再受到重视，无法获得优先投资。一些数据仓库和分析团队将数据科学当作是一种能够显著影响业务营收、再次获得战略性重要地位的一种途径。

将数据科学引入组织最常用的方法是找到一个具备如下特点的显著问题：

- 易于定义和理解。
- 能够快速带来可量化的收益。
- 能够通过机器学习和高级分析解决。
- 团队能够轻松获得所需数据。
- 如果不用数据科学技术，就很难或者需要花费大量时间才能解决。

这听起来有些困难，大多数团队容易能找到快速表现优点且符合前面两条的项目。

对于第三条，可以通过以下两个方式找到满足条件的候选项目：搜索行业网站和出版物，找到其他企业通过机器学习解决类似问题的案例，或者雇佣那些在机器学习和高级分析方面有丰富经验的咨询师给予帮助。一旦选定一个或者多个项目，也确定了什么样的数据将被用来训练模型或者运用于其他机器学习，就可以开始考虑数据获取的便利性了。这常常取决于谁拥有这些数据、哪些人理解这些数据、收集这些数据有哪些技术难点。

这里有一些垂直领域的数据科学项目例子：

金融服务

治理、风险管理和合规检测（GRC），包括投资组合风险分析和保险的合规性检查（Basel 3，了解你的顾客，反洗钱，以及其他）、欺诈检测、门店位置优化、自动化交易。

保健

治理和合规检查，医药研究，病患保健分析，医疗物联网，可穿戴设备，远程医疗。

制药

基因组研究，加工工艺优化。

制造业

收集 IoT 设备信息，质量控制，基于预测的设备维修，工业 4.0。

教育

准入，学生成功（student success）。

零售

价格优化，推荐购买，购买偏好。

广告技术

自动竞价，转化率。

一旦找到合适的问题，大多数组织会投资建设一个小规模的 Hadoop 集群，它们可以是自建的或者是基于云平台的（取决于数据敏感性）。然后邀请数据科学咨询师加入，快速实施并产出结果来证明数据湖的价值。

通常会实施其中两三个项目，然后将他们的成功作为范例来证明数据湖的合理性。这有时候也称作“施乐 PARC”模式。施乐公司在 1970 年建立 PARC（位于加利福尼亚的 Palo Alto 研究中心）来研究“未来办公室”。1971 年，PARC 研究人员建造了第一台激光打印机，该打印机在未来几年成为施乐公司的主要产品。即使施乐公司在 PARC 发明了许多其他改变行业的技术，但没有一项在商业取得能够媲美激光打印机的成功。数据科学与 PARC 非常相似的一个点在于数据科学的结果天生具有不可预知性。例如，一个长周期和复杂的项目可以产出一个稳定的预测模型，并且具有很高的准确率，也可能仅仅得到微小的提升（例如，如果这个模型的准确率为 60%，其实只比随机猜测结果的 50% 提高了 10%）。在简单项目上的初步成功并不能保证在大量的其他数据科学项目上能够获得广泛的成功。

这种为未来投资的方法听起来不错。建立一个大型数据湖，加载数据并宣布成功可能非常诱人。不幸的是，通过调研几十家公司，我们发现这样一个演变模式：几个试点项目快速产出了惊人的成果，并因此获得数百万美元的数据湖预算，搭建加载了上 PB 数据的大型集群，最终却在苦苦思考如何使用这些数据，如何体现这些数据的更多价值。

如果你采取分析这条路径，可以考虑下面几条建议，这些建议来自几个 IT 和数据科学的领头人：

- 拥有一系列非常有前途的数据科学项目，当创建数据湖时可以通过实施它们来持续创造价值。理想情况下，确保你可以在数据湖构建期间每季度完成一个有价值的项目。
- 尽快通过将其他任务迁移到数据湖来扩充数据湖的使用案例，这些任务包括 ETL、治理、简单 BI 和报表。
- 不要好高骛远。持续建设数据湖，不断加入数据源，持续创造更多价值。
- 专注于让更多的部门、团队和项目来用数据湖。

总之，数据科学对于启动数据湖是一条很有吸引力的途径。它常常影响着企业的营收，可以通过为企业提供商业洞察能力来获得投资回报，也可以提升人们对数据团队提供的数据和服务价值的认知。创建成功数据湖的关键在于，确保团队能够持续创造价值，直到数据湖拥有更多用例，并能够为更多的团队和项目创造可持续的价值。

策略 1: 迁移已有功能

大数据技术最具说服力的好处是其低廉的成本，与具有相同性能和容量的传统关系数据仓库相比有 10 倍甚至更多的成本优势。由于数据仓库的规模只增不减，IT 预算也需要覆盖这些增长预期，从数据仓库迁移部分功能到数据湖而不是扩大数据仓库规模是一个很诱人的策略。这个策略好在不需要业务方的赞助，因为成本往往来自 IT 预算，而且项目的成功主要依赖于 IT 团队，因为迁移过程通常对业务方是透明的。

迁移到大数据系统的最常见的任务是 *ETL*（抽取、转换、加载）的转换部分。

Teradata 是大规模并行处理数据仓库的主要供应商。多年来，Teradata 提倡通过 *ELT* 的方式加载数据到数据仓库：先将数据抽取、加载到 Teradata 的数据仓库中，然后再用 Teradata 的强大跨节点的处理引擎去做数据转换。由于传统的 ETL 工具没有办法处理大规模数据，因此这种方式得到广泛采用。大数据系统则可以简单、低成本的处理如此大规模的数据，Teradata 现在也提倡通过大数据框架（特别是 Hadoop）来做数据转换，然后将数据加载到 Teradata 数据仓库中进行查询和分析。

另外一个典型的例子是，将非表格（non-tabular）数据的处理转移到 Hadoop 平台中。如今一些数据源并不是表格形式，比如网站日志和 Twitter feeds。它们拥有复杂的数据结构和各种形式的记录，不像关系数据那样有固定的列和行。这些原始的数据可以在 Hadoop 中高效地进行处理，不需要将数据转换为关系表格式，也不需要为了关系查询而将数据加载到数据仓库中。

第三种广泛迁移到大数据平台的任务是实时或者流式数据处理。像 Spark 这样的新技术，可以直接在内存中（in-memory）进行大规模跨节点的并行数据处理，还有 Kafka 消息队列系统支持大规模的 in-memory 实时数据处理，在实时分析、CEP（复杂事件处理）和仪表板等应用方面非常适合。

最后，大数据解决方案可以用相比传统技术更低的成本来纵向扩展现有项目。我接触到的一个公司已经将复杂的欺诈检测程序迁移到 Hadoop 集群。Hadoop 相比传统关系数据库来说可以处理 10 倍或者更多的数据，在同样资源情况下也可以快 10 倍以上，创建的模型或者执行检测的精度也高几个数量级。

一个使用数据湖而获利的例子来自一个大规模设备制造商，它的设备会每天将日志信息传回工厂（所谓的“日志回传”）。而这个制造商仅仅将其中 2% 的日志存储在关系数据库中用于建立预测模型。这个模型用来预测设备什么时候会损坏，什么时候需要维护等。每次日志格式或内容发生变化，抑或是分析师需要另外一批数据用于建模，开发者需要相应地改变处理逻辑，分析师则需要再等上几个月来搜集足够的数据才能做新的分析。使用 Hadoop，这个公司就可以用比之前存储 2% 的数据还少的成本来存储所有日志数据。而分析师则可以按需使用所有历史数据，他们可以快速地为内部以及客户的数据质量计划部署新模型。

一旦 IT 团队将这些自动化过程迁移到大数据平台，并且积累了大量的数据，他们就有责任将这些数据提供给大数据科学家和分析师使用。为了从自动过程过渡到数据湖，往往需要经过如下步骤：

- 将没有被自动任务处理的数据加入进来，以创建一个全面的数据湖。
- 让非程序员可以访问数据，让他们可以创建数据可视化报表、仪表盘和 SQL 查询。
- 为了便于分析师使用，提供全面和可搜索的目录。
- 将数据管理策略、敏感数据处理、数据质量和数据生命周期管理等操作自动化。

- 设置任务的优先级和资源管理方案，保证自动化任务的服务水平协议（SLA）不会受到分析师工作的影响。

策略 2: 为新项目建立数据湖

一些公司使用数据湖支持新的业务项目，而不是将现有的功能迁移到大数据平台，这些项目包括数据科学、高级分析、处理 IoT 设备的机器数据或者日志以及社交媒体的用户分析。这些项目往往由数据科学或者业务线团队推动，从小的数据水洼（小的、单一目的的大数据环境）开始，当越来越多的用例加入进来，它们最终发展成完全成熟的数据湖。

从一个新业务项目开始创建数据湖与从现有项目迁移来创建在某些方面具有相似的地方。从新项目开始的优点在于，它为企业创造新的、非常明显的价值。缺点在于，它需要新增预算。如果项目失败了，即使与数据湖无关，也会让企业对大数据技术留下不好的印象，对于数据湖的引入也会有消极的影响。

策略 3: 建立数据治理中心

随着政府和行业监管越来越多，执行也越来越严格，数据治理成了许多企业关注的重点。治理的目的在于让用户能够安全、合规地使用数据。通常它包含管理敏感数据和个人隐私数据、数据质量、数据生命周期、元数据以及数据血缘（将在第六章更详细讨论）等。如果要保证企业所有系统的数据使用都符合政府和社团的管理条例，那就要求企业实施和维护一套一致的规则。不幸的是，跨各类系统来实施和维护一致的管理规则对于多数企业来说都有难以克服的困难，因为这些系统可能使用不同的技术方案、由不同的团队管理，资源投入的优先级也不一样。

数据治理专家有时将 Hadoop 和大数据看成是遥远未来才需要关心的问题。他们觉得为老系统实施数据治理策略应该先于拥抱新技术。这种方式，虽说不无道理，但也失去了使用 Hadoop 这种廉价的平台来为企业提供中心化的数据治理和合规检测的机会。

数据治理往往需要说服遗留系统的责任团队投入本来就有限的人力资源来调整老系统以符合治理策略，并且投入昂贵的计算资源来执行这些策略、检查和审计。而让遗留系统的责任团队将他们的数据整合进 Hadoop 以便通过标准的工具来实施一致的治理策略则常常更加直接，也更节约成本。这个策略具有如下几个优点：

- 数据可以用一些标准的数据质量技术和统一的数据质量规则进行剖析和处理。
- 敏感数据可以通过一些标准的数据安全工具检测到并妥善处理。
- 存档和电子举证（Retention and eDiscovery）功能可以在整个系统以统一的方式实施。
- 合规报告也可以通过统一的系统进行开发。

另外，像 Hadoop 这样基于文件的系统可以很好地支持 *bimodal IT*（双模 IT），它提倡创建具有不同治理水平的各种区域。通过将原始数据和经过清洗的数据分开存储在不同的区域中，数据湖可以在同一个集群中执行各种程度的治理。

哪种策略最适合你？

上述的每种途径都可用以创建成功的数据湖。具体该选择哪一条途径呢？这往往取决于你的角色、预算以及你可以招募的合作伙伴。通常，用你可以支配的预算来创建数据湖最为容易。然而，不论你从哪儿开始，为了让数据湖成功开始并持续推进，你需要一个计划来说服整个企业的分析师开始在他们的项目中使用它。

如果你是一个 IT 主管或者大数据的拥护者，图 4-2 展示的决策树可以帮助你构建数据湖策略。

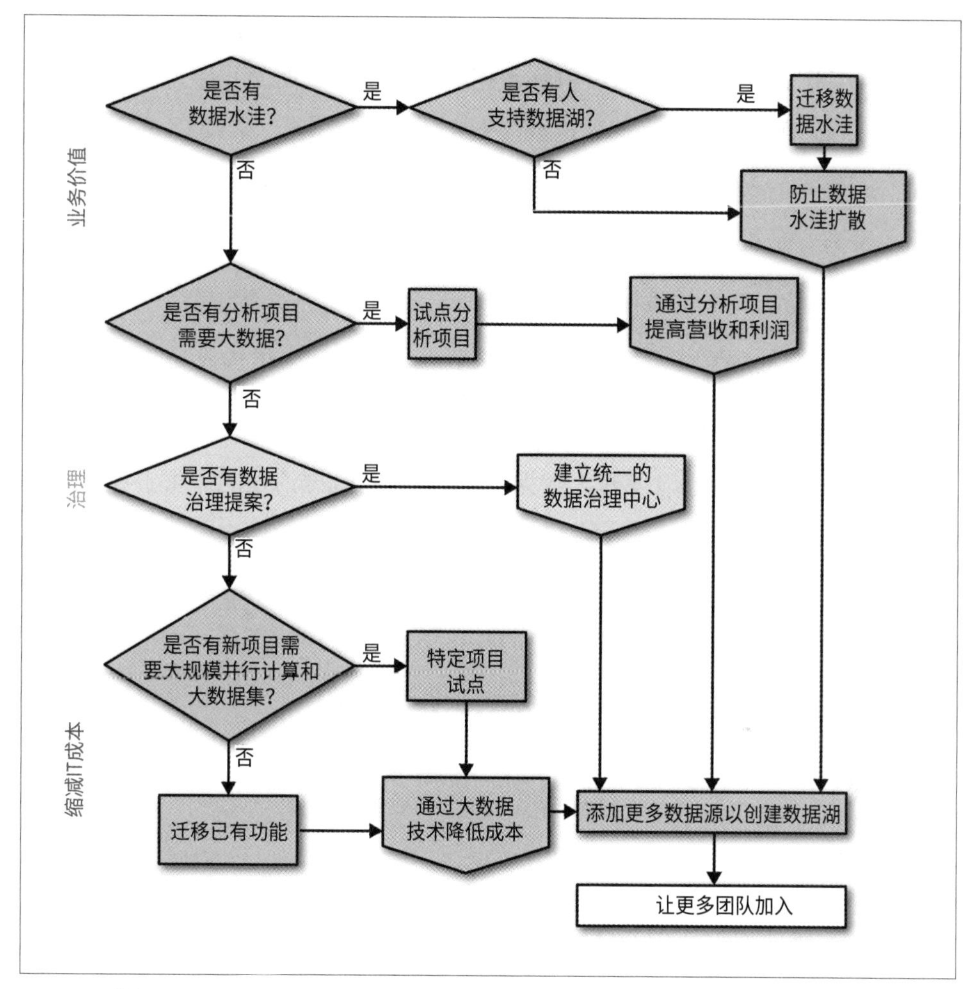

图 4-2：数据湖策略决策树

在较高的层次上，决策步骤如下：

1. 首先看看周围是否存在数据水洼（是否有业务团队自己搭建了 Hadoop 集群）。

    a. 如果有，是否有项目愿意迁移到中心集群。

        i. 如果有，请使用该项目的成本来证明集中式集群的合理性。

ii. 如果没有，就以防止数据水洼的扩散这点作为建设数据湖的理由。用前面提到的扩散（例如数据集市、报表数据库）作为例子，如果没有获得支持，就等这些数据水洼陷入麻烦吧，不会等太久时间。

b. 如果没有数据水洼，是否有团队需要大数据或者数据科学方案？如果没有，是否可以说服他们发起一个？

2. 寻找低风险，高关注度的项目。
3. 从多个团队的项目中寻找（每个团队至少一个），来增加成功的机会。
4. 继续数据科学和分析的路径：

   a. 如果没有团队愿意发起大数据项目，是否有数据治理的需求？如果有，试着提议创建统一的治理中心，并获得支持。

   b. 否则，检查前几个项目，看看他们是否有大规模并行数据处理和大规模的数据需求，这些需求通过 Hadoop 平台处理将会具有更低的成本。

5. 最后，通过迁移现有项目开始创建数据湖。

小结

可以通过很多途径来发起数据湖项目。尽管情况各不相同，但对于要成功实施数据湖，他们都有共同的特点：一个清晰的、深思熟虑的计划，寻找有热情的早期合作者，并且及时证明这件事的价值。

第 5 章

从数据池 / 大数据仓库到数据湖

三十年前推出数据仓库时，它的初衷是为企业提供历史数据存储方案，以适应所有新型的分析诉求。但是，最终大部分数据仓库只存储用于进行重要分析工作的产品级数据。由于数据仓库数据的多样性与复杂性，大多数人无法很好地处理它们。像 Teradata 这样的一些特别高端的系统可以提供很好的可扩展性，但成本非常高。同时，提升数据仓库系统的性能需要花费大量的时间和精力。因此，无论是新查询还是 schema 变更，都必须经过详细的审核和冗长的批准和测试流程。同样地，数据仓库的 ETL 作业也需要精心地构建和调整，任何新数据更改，也需要经过类似的审查和测试流程。这使得临时查询和 schema 变更效率低下，也意味着数据仓库缺乏灵活性。

数据湖试图通过引入可扩展性、灵活性、预见性和终端用户自助服务来实现企业数据存储库。在本章中，我们将仔细研究使用大数据技术实现的数据仓库——数据池，并解释数据池（或包含它们的数据湖）如何向组织提供替代传统数据仓库的功能。

数据湖是企业数据的理想存储库，因为它们以适当的方式容纳不同类型的数据，以便大规模并行可交互集群内的不同处理系统可用于不同目的。接下来将讨论如下内容：如何将那些很难或几乎不可能添加的数据添加到数据仓库中，如何将数据湖与数据源集成，以及如何通过其他系统消费其中数据。

数据仓库的基本功能

由于许多数据湖旨在完善或替代数据仓库，同时，数据仓库通常是企业中最简单、最大以及最好的数据源，因此了解以下几方面很重要：数据仓库对特定场景的处理方案、数据湖在处理这些场景时的限制以及使用哪些大数据技术来应对这些挑战。

数据仓库的初衷是存放（或仓储）所有历史数据以供将来使用。随着概念的形式化，数据仓库成为高度管理的系统，具有精心控制的 schema 和耗时的变更流程。现代数据仓库通常侧重于支持那些需要从多个来源读取的大量历史数据的分析。为了实现这一目标，数据架构师需要确保：

- 以高性能分析为目的组织数据。这通常通过创建星型模型的维度建模来实现。此外，受到成本和性能影响，数据仓库通常无法保留完整的历史记录，因此必须聚合或归档旧数据。
- 能够以一致的方式分析来自多个系统的数据。通过使用包括一致性维度、协调化和标准化的技术，可以将来自不同系统的数据集成为一致的表示形式。
- 以保持历史分析准确性的方式管理变更。通常使用第 2 章中描述的缓慢变化维来实现它。
- 确保数据干净且一致。使用数据质量工具和技术来完成这一需求，也在第 2 章中讨论过。

如前几章所述，ETL（提取，转换，加载）过程用于将源系统中的数据转换为可以加载到数据仓库中的形式。此转换可以在数据仓库外部完成，也可以在内部完成。外部解决方案利用了一系列 ETL 工具，其中许多工具在市场上已销售了数十年。内部解决方案将原始源数据加载到数据仓库中，并执行 SQL 脚本进行转换，这种技术称为 ELT[提取，加载（进入目标数据仓库），转换]。在这两种情况下，数据质量工具经常与 ETL 工具集成，并作为流程的一部分执行。

由于基于大数据技术的数据池或数据湖具有大规模可扩展性和经济性，因此可以轻松克服数据仓库的性能和数据量限制。因此，不需要像大多数数据仓库那样，为了具备良好的性能而进行维度建模或将旧数据聚合（汇总）。但是，就历史分析而言，数据仓库的许多挑战仍然存在，包括：

- 为分析建立数据模型。
- 将不同系统的数据集成到一个共同的表示形式中。
- 管理变更而不丢失数据的历史记录。

数据池或数据湖是存储数据以供将来使用和执行大规模分析的理想场所，同时使用大数据技术（如 Hadoop）也使它成为转换大量数据的理想之地。数据池的生命周期通常开始于创建数据仓库 Schema 所需的转换（称为 ETL 迁移）。通过采集原始数据、将数据仓库中的数据转换为可分析的形式，数据池将囊括数据仓库中的数据以及数据仓库外的数据，最终成为成熟的数据湖。

在了解数据湖如何应对上述的挑战之前，我们先了解一下传统数据仓库存在的其他问题。

用于分析的维度模型

正如我们在第 2 章中看到的，当关系数据库用于支持交互系统、应用程序 [如企业资源管理（ERM）和客户关系管理（CRM）] 时，数据通常存储在高度标准化的数据模型中。业务系统倾向于进行许多小的读写操作。这是数据模型规范化的部分原因，规范化会尝试创建具有最小冗余和字段数尽可能少的表。除了使更新和读取速度非常快之外，规范化还消除了数据不一致的风险。

相反，大多数数据仓库都支持非规范化的数据模型，每个表包含尽可能多的相关属性。这使得读取一遍数据就可以处理分析应用所需的所有信息。此外，数据仓库通常从许多数据源和应用程序接收数据，每个数据源和应用程序都有自己的 schema，来自这些不同数据源的数据必须转为相同的 schema。

第 2 章中详细介绍了该主题，这里仅做简要回顾，数据仓库中流行的数据模型是星形模型，它由多个维度表和一个或多个事实表组成，维度表代表被分析实体（如客户、时间、产品），事实表代表涉及维度的活动（如订单）。

困难在于数据源通常以不同方式表示相同的信息。例如，一种存储方式将每个地址分成多个字段（如街道、城市和州），而另一种方式将地址存储在单个字段中。同样的，有些可能会保存顾客的出生日期，而另一些则可能会保存顾客年龄。在这种情况下，需要将数据转换为数据仓库使用的格式。例如，可能需要连接所有地址字段，或者可能需要根据出生日期计算某人的当前年龄。如果来自所有源系统的数据以相同的目标格式保存在相同的维度表中，则称这些表“符合要求”。

整合不同源的数据

大多数现代 ETL 工具大都是二十年前开发的，作为数据仓库工作流程的一部分，它们旨在将来自不同业务系统、具有不同 schema 和不同表示形式的数据转换为单一通用 schema。因此，ETL 工具解决的第一个挑战是将记录从业务系统所偏好的范式转换为数据仓库偏好的非范式，如上一节所述。

第二个挑战是将来自许多不同应用程序的数据转换为单一通用的 schema 和表示形式，也就是前面提到过的“符合要求”的数据。我们在第 2 章中看过一个示例，说明如何通过 ETL 作业，将客户数据从业务系统的表示方式转换为数据仓库的表示方式，新的表示方式需要满足客户维表的要求（见图 2-7）。

数据仓库通常包含来自许多不同数据源和应用程序的数据，每个数据源和应用程序都有自己的 schema，需要对来自所有这些源的数据进行规范化，并使用不同的 ETL 过程将每个源系统的数据转换为数据仓库的 schema。这使得必须维护快速增长的 ETL 脚本，并进行版本化管理。

使用缓慢变化维保存历史记录

数据仓库中的大多数维度数据都是静态的（客户数据、有关零售或地理位置的数据等）。但是，随着时间的推移，这些数据可能会发生变化，为了准确分析数据，必须对其进行跟踪。针对历史数据变化，有一种特殊的表示方式，称为缓慢变化维。这确保了在某些数据属性（婚姻或工作状态、地址等）发生变化的情况下，仍然可以正确进行分析。第 2 章中详细介绍了在数据仓库中使用缓慢变化维的方式。

数据仓库作为历史库的局限性

对于传统系统和数据仓库，由于存储和处理的高成本，企业被迫用较粗的粒度来保存历史数据。例如，数据仓库可能包含过去三年的单个交易，过去七年的每日总计以及超过七年的每月总计。这会导致许多问题：

- 数据聚合丢失了许多有用的细节，限制了可以执行的分析类型。
- 大多数历史分析必须以粗粒度进行（以便所有的数据都可以支持，在我们的示例中，它可能是天或者每月，具体取决于分析是否涉及 7 年以前的数据）。
- 由于需要考虑不同粒度级别，编写报表和查询是复杂且容易出错的。
- 管理此系统并将数据移动到各种粒度级别会增加处理和管理开销。

大多数高级分析应用程序可以从拥有更多历史数据中受益。即使是简单的分析和历史趋势，在持续时间和属性数量方面给出更多历史记录时，也能提供更完整的分析画像。

Hadoop 这样的可扩展且经济高效的存储和执行系统允许企业以最精细的粒度存储和分析其历史数据，从而提高分析结果的丰富性和准确性。

例如，欺诈检测算法依赖于分析大量交易以识别欺诈模式。一个广为人知的案例是 Visa 卡欺诈检测，在没有使用 Hadoop 之前，它只能使用包含 40 个属性的单一模型分析 2% 的客户交易，在使用了 Hadoop 之后，它可以使用包含 500 个属性的 18 个模型来分析 100% 的交易，从而帮助公司识别了价值数十亿美元的欺诈交易。

迁移至数据池

现在我们已经讨论了传统数据仓库中的挑战，接下来我们可以探索如何使用数据池或数据仓库与数据池的组合来解决这些问题。在本节中，我们将介绍能实现高效采集和处理的数据组织替代方案，以及如何保留历史记录（传统上使用维度表实现）。

数据池中保存历史数据

本章首先介绍数据池如何使用分区来存放历史数据，以及使用这种方法跟踪缓慢变化维的局限性。然后讨论如何使用快照来解决这个问题。

在数据池中，当采集数据时，它通常存储在多个文件或分区中。每批加载的数据都会加载到一个单独的文件夹中。来自所有文件夹的所有文件都被视为单个“逻辑”文件或表。Hive 是查询 Hadoop 数据最流行的 SQL 接口，它有一个特殊的结构叫作分区表，用于处理这些文件。分区表允许 Hive 根据分区结构智能地优化查询。

图 5-1 展示了用于加载每日交易数据的典型分区 schema。transactions 目录包含所有交易数据。这些文件按年份组织（例如，*/transactions/Year=2016*），在同一年中按月组织（例如，*/transactions/Year=2016/Month=3* 包含 2016 年 3 月的所有交易），并在一个月内按天组织（例如，*/transactions/ Year=2016 /Month=3/Day=2*，包含 2016 年 3 月 2 日的所有交易）。由于 Hadoop 需要进行大量的并行处理，为避免争用单个文件，它会在 */transactions/Year=2016/*

Month=3/Day=2 目录中生成多个文件。将这些文件都合并到一起，将得到包含当天所有交易的单个文件。

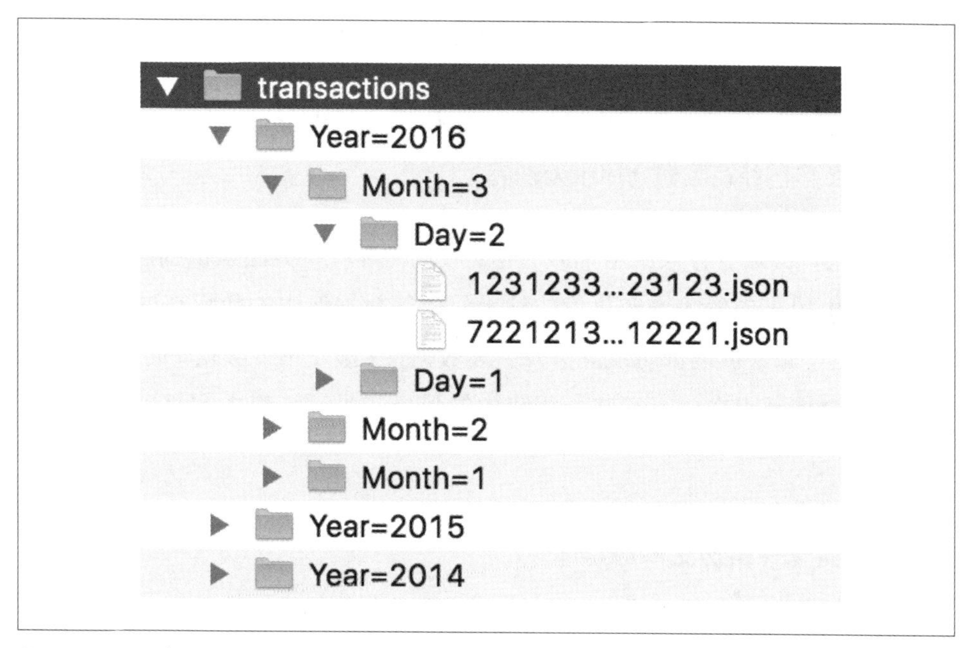

图 5-1：Hive 中分区表的目录结构

在 Hive 中，用户将创建单表（例如，`all_transactions`），将其与交易目录（transactions）关联，并指定分区键（`Year`, `Month`, `Day`）。`all_transactions` 表将包含 *transactions* 目录中所有文件的所有数据。例如，SQL 语句 `select * from all_transactions` 将返回 *transactions* 目录中所有子目录下所有文件中的所有记录，从目录树中最早的文件开始，比如 */transactions/Year=2014/Month=1Day=1/ 99312312311333.json*，一直到到最新的文件为止，又如 */transactions/Year=2016/Month=3/Day=2/722121344412221.json*。

此外，`Field=Value`（例如，`Year=2016`）的命名规范使得 Hive 可以智能地将每个查询定向到可能包含查询所需数据的文件。例如，`select * from all_transactions where Year = 2016 and Month = 3 and Day = 2` 将仅读取 */transactions/Year=2016/Month=3/Day=2* 目录下的文件中的数据，而不是读取所有文件夹中的所有文件，然后筛选出 2016 年 3 月 2 日的交易数据。

在数据池中使用缓慢变化维

现在我们必须处理维度数据的变化了，例如客户的婚姻状况或其他生活状态的变化。如果从使用了缓慢变化维的数据仓库中加载维度表，我们可以直接将已更改的记录（新增的或有过修改的客户信息）加载到单独的文件中，或将它们附加到包含所有客户数据的单个文件中，因为所有识别并处理客户状态变更的工作已经在数据仓库中处理完了。

但是，如果直接从业务系统中加载数据，我们需要一些方法来识别这些变更。数据仓库中用于创建缓慢变化维的技术，使得数据池中的数据获取和分析变得更加复杂。每次读取都可能既涉及主表数据，又涉及维度数据。更糟糕的是，在以后的分析过程中，必须将一张表中的数据与另一张表中的相关数据进行join。

通过非规范化保留历史状态

另一种选择是对数据进行非规范化处理，将所有重要属性添加到包含交易数据的文件中。例如，当我们从业务系统加载交易数据时，我们会记录客户相关的信息，如：人口统计、婚姻状况等。这避免了复杂且高开销的 join 操作。为了节省空间并节约处理资源，我们可以仅记录重要的状态属性。换言之，我们只应该添加那些在数据仓库中作为缓慢变化维的字段。

这种方法的一大缺点是，包含这些额外属性的数据集中的交易数据只能与那个特定数据集中的其他数据一起使用。例如，我们可能有一个独立的利润数据集，一个独立的产品保修数据集等。要应用此技术，我们必须将所有客户属性添加到每个数据集中，这增加了存储和处理成本，并增加了我们提取信息的复杂性。每当引入新的客户属性或变更现有属性时，我们必须更新所有相关数据集。

使用快照保留历史状态

另一种替代方案是每天获取最新版本的数据。为了支持这一方案，需要建立一个维度数据的目录树，但不是将每日的数据放入一个文件夹作为数据集的一部分（分区），而是每日的文件夹中包含全量数据集的快照。换句话说，我们可以使用与前述记录交易数据相同的方案创建目录结构，保留客户数据。因此，图 5-2 中的 */customers/Year=2016/Month=3/Day=2* 文件夹将包含存放 2016 年 3 月 2 日的客户数据集的完整版本的文件。

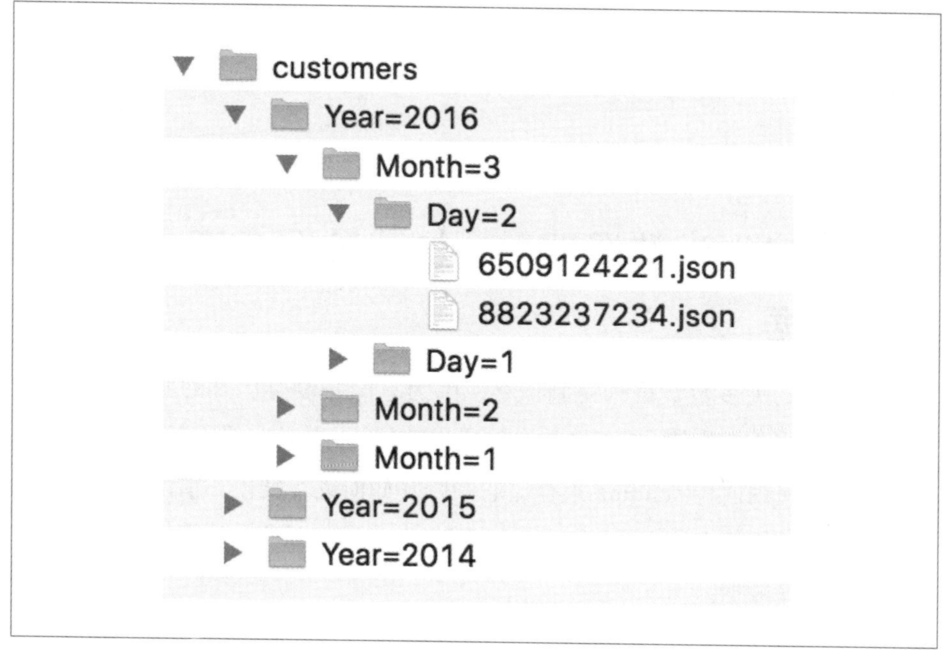

图 5-2：维度表的分区目录

为了恰当地表示客户记录，我们必须将每个交易记录与同一日期的客户记录进行 join。例如，如果我们为交易数据集和客户数据集创建了 Hive 表，我们将在 customer Id 与交易日期字段上对它们进行 join（例如，`all_transactions.customer_id = customers.customer_id` 和 `transactions.Year = customers.Year and transactions.Month = customers.Month and transactions.Day = customers.Day`）来获取交易时的客户状态。

查看所有数据的最简单方法是创建一张包含目录下所有文件的 Hive 表。但是，在某些场景下，使用 Hive 或类似工具并不适用，我们不得不编写代码将交易数据集中每个分区数据与客户数据集中相应快照数据进行关联，以确保客户信息的时效性。

虽然这种跟踪变更的方式成本较高，因为我们必须每天存储完整的客户数据，但相比创建缓慢变化维它有几个优势。首先，采集数据很简单，可以使用像Sqoop这样的简单工具。其次，快照保留了客户所有属性的历史记录（而缓慢变化维仅跟踪某些属性）。此外，这种方法不要求我们在每次重要属性发生变化时分配新的客户密钥，这样可以更轻松地进行某些与客户相关的分析，例如确定某段时间内我们拥有多少真实客户。快照方法的最后一个优点是，如果在某些时候存储过于昂贵，则可以将此快照树转换为仅跟踪缓慢变化维的数据集。

数据池演化为数据湖——加载数据仓库中未包含的数据

当代企业中的大多数数据未得到保存，因为它们并没有已知的业务场景。如果没有明确的业务价值，就不会有存储成本的预算，并且在没有场景的情况下，也不清楚要使用何种schema来存储它们以及如何进行转换、清洗。遵循数据湖范例，可以使用Hadoop MapReduce或Spark的可扩展计算模型，以低成本存储并处理数据。

原始数据

如前所述，数据仓库只保留干净的标准化数据。不幸的是，作为规范化过程的一部分，许多重要信息会被丢失，包括：

数据广度

通常，业务系统具有比数据仓库更多的属性。只有最关键和最常见的属性才会存放在数据仓库中。其主要原因是为了降低存储和处理所有属性的成本，并降低数据仓库管理、ETL开发和加载数据到数据仓库的其他成本。

凭借可扩展性和经济高效，数据湖可以存储和处理更多信息。并且通过frictionless采集（无需任何处理即可加载新数据）方案，在使用数据之前不需要进行ETL开发。

原始数据

在数据仓库中，所有数据都被一视同仁并转换为统一格式。例如，某些系统可能会把工资未知表示为`NULL`值或非法值（如`-1`）。但是，由于许多数据库无法对拥有`NULL`值的字段进行聚合，而`-1`又不是合法的工资值，因此往往在ETL流程或独立的数据清洗流程中，这些非法值将会替换为默认的缺省值，例如0。而数据科学家却更希望能够分辨出真正无收入人群与未知收入人群，比如，他们会用该人口统计的平均收入来代替未知收入，以创建更准确的模型（这一常规的分析方法称为数据插值）。

数据湖通常会保留原始数据以及处理过的数据，从而为分析人员提供可选方案。

非关系型数据格式

在大数据领域，许多数据（例如，社交媒体数据，如Twitter feed）并不是关系型格式，而是文本格式（例如JSON、XML）、列式格式（如Parquet）、日志文件（如Apache log格式）或者其他非关系型格式。因此，不能轻易地为这些数据构建关系型数据仓库schema。

由于数据湖通常使用像Hadoop这样的大数据技术来构建，所以它可以很轻松地处理非关系型格式。实际上，这些格式使用广泛，并且都能被诸如Hive、Spark以及许多其他大数据项目很好地支持。

外部数据

几十年来，外部数据已经成为一个价值数十亿美元的产业。从Nielsen评级到Equifax、TransUnion和Experian信用报告，从Morningstar评级到Dun&Bradstreet商业信息咨询，再到Bloomberg和道琼斯（Dow Jones）金融交易信息，各个企业多年来一直在购买和使用外部数据。近年来，数据来源及数据提供商已经扩展到包括Twitter和Facebook在内的社交媒体公司，此外，还包括通过Data.gov或其他门户网站提供的免费政府数据。

在外部数据方面企业面临着巨大的挑战，包括：

数据质量

数据质量问题包括数据错误和数据缺失以及不同来源数据的冲突。数据质量仍然是将外部数据纳入决策过程的主要障碍。

许可费用

数据很昂贵。更糟糕的是，在企业中，由于没有简便方法能共享数据集或获知数据集的购买情况，不同团队可能会重复购买相同的数据。

知识产权

数据提供商通过数据订阅的方式销售其数据，许多提供商会要求他们的客户在停止订阅时从他们的系统中删除所有数据。通常，这不仅包括购买的原始数据集，还包括使用这些数据生成的任何其他数据集。为了实现这一目标，企业需要知道数据的位置以及数据的使用方式。

如图 5-3 所示，两个不同的团队可能购买相同的外部数据集，向供应商支付两次费用。每个团队以不同方式处理数据质量问题，并将结果数据用于各种数据集和报告中，从而将相互矛盾的信息引入公司数据生态中。更糟糕的是，血缘信息通常会丢失，因此企业无法找到使用该数据的所有实例，也无法追溯到某些数据的原始数据集。

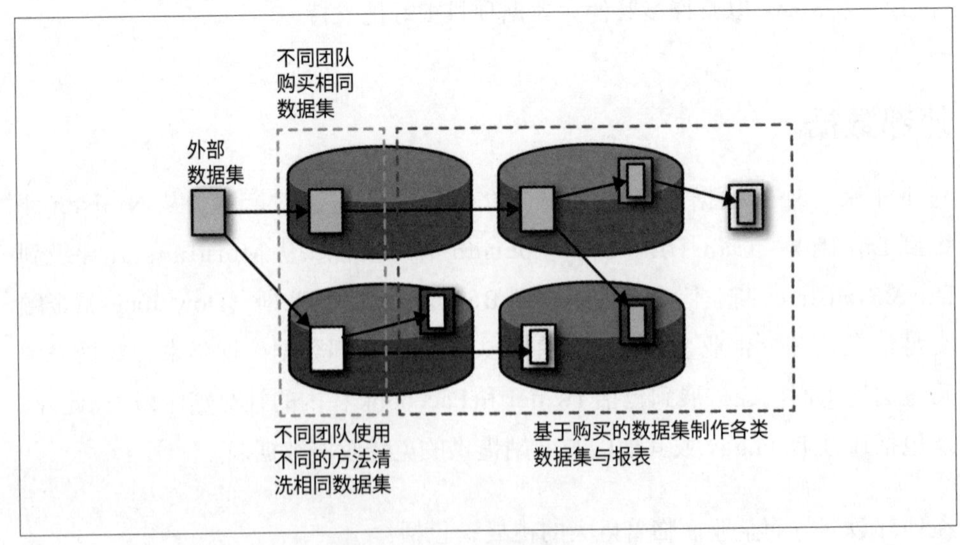

图 5-3：两个不同团队购买并使用了相同的外部数据集

Hadoop 数据湖可以成为加载外部数据、解决质量问题、管理原始和干净版本数据以及跟踪数据使用方式的中心。一种简单的方法是创建用于保留外部数据的文件夹层次结构，例如 */Data/External/<vendor_name>/<data_set_name>*。因此，如果公司从 CreditSafe 购买信用评级数据，它可以将此数据放在 */Data/External/CreditSafe/CreditRatings* 中。其他子目录可用于存放更多详细信息。例如，2016 年英国的信用数据可能会存放在 */Data/External/CreditSafe/CreditRatings/UK/2016* 中。如果组织中的任何人需要 2016 年英国的信用评级数据，他们可以在购买数据之前查看相关数据是否已经存在，如图 5-4 所示。

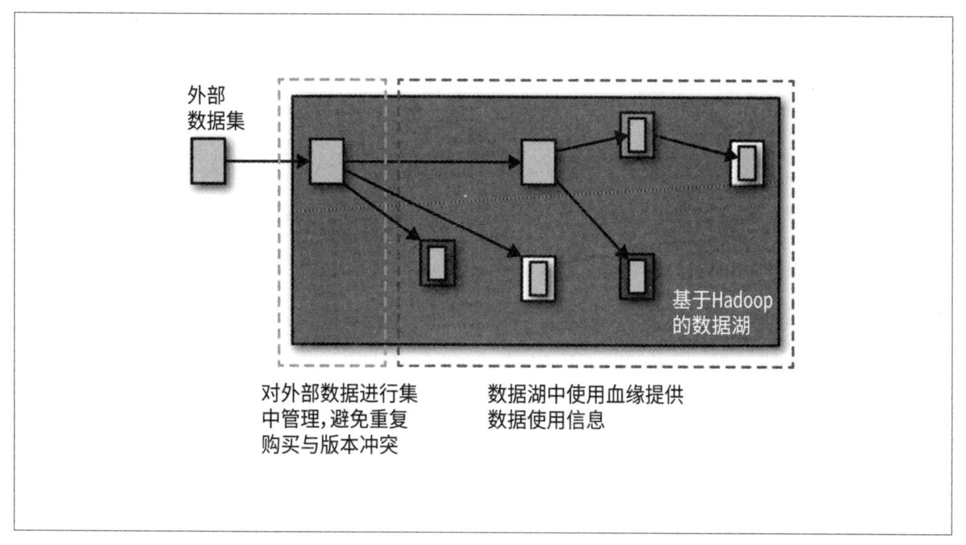

图 5-4：集中管理外部数据以免重复购买

这种方式的缺点是数据供应商可能提供类似的数据。因此，寻找特定年份的英国信用评级数据的分析师必须检查每个供应商的目录，以查看是否存在他们需要的数据。但是，如果我们通过主题组织数据，例如 */Data/External/CreditRatings/UK/2016/CreditSafe*，也会出现其他问题。供应商数据集并不总能够与预定义的主题完美匹配，并且也可能包含其他额外属性。例如，CreditRatings 数据集也可能包含人口统计数据。如果另一位分析师想从 CreditSafe 购买人口统计数据，该公司可能最终仍然会重复购买数据。即使有人注意到公司已有相关数据，也必须将其存储在两个分区中，以便发现使用。

此外，数据所有者（为组织购买数据的部门）可能需要其他信息（如供应商ID或名称）来唯一标识数据集，而此信息难以在单个固定文件夹层次结构中表示清楚。

更优雅、高效的方法是为外部数据集创建目录，可以通过属性、标记和描述来表示数据的多个维度。例如，目录中的所有数据集都可以具有公共属性（如供应商、所属部门），以及特定于每个数据集的特有属性（如国家和年份）。这样，数据集可以存放在任意地方，但仍可通过其属性找到。此外，由于目录通常具有数据集的所有属性（字段），因此无论分析人员有何种使用目的，他们都能够轻松地找到相关数据集。

IoT与其他流式数据

数据湖特别适合用于社交媒体和网络日志中的人机交互数据。这些数据通常在数据量与复杂性上远远超过典型的业务交易数据。并且，数据湖更加适用于由物联网设备自动生成的数据。机器生成数据的速度比人更快，它和人为生成的数据融合，有望成为未来数据的主要来源。大多数复杂的机器，从计算机设备到飞机，医疗设备以及电梯，都会生成日志文件，这些文件会在出现问题时发回工厂。越来越多设备使用这些数据，作为实时自动监控的基础。这些数据用于监控和定位问题以及使机器更加智能。从自动驾驶汽车到自动温度控制，智能机器在越来越多地使用和分析数据来自我管理。

虽然监控是实时执行的，但如果不将其与历史数据进行比较，很难解释实时行为。例如，为了识别意外或异常行为，我们首先必须建立正常行为的基线，这需要分析历史数据并将其与我们实时检测的行为进行比较。如果发生故障，则需要立即处理。此外，应该分析导致异常的行为，追溯的信息有时跨度是数天、数月甚至数年，我们需要在这些信息中寻找线索，以便在将来识别、检测和预防此类故障。由于数据湖是保存这一历史的理想场所，因此在数据湖中，工程师们开发了许多方案和架构来结合实时数据处理和历史分析。

在接下来的文章中，在大数据领域富有远见的 Michael Hausenblas 介绍了实时数据湖的一些最佳实践。

实时数据湖

***Michael Hausenblas** 在大数据领域长期耕耘并且富有远见，他在 2008 年首次参与 Hadoop 和其他大数据技术。目前，Michael 在 Mesosphere 引领 DevOps 的开发。他是 Mesos and Drill 的贡献者，也是 EMEA MapR 的前首席数据工程师。*

传统意义上，数据湖一般与静态数据相关联。无论数据本身是机器生成的（例如，日志文件）还是手动生成的数据（如电子表格）的集合，其基本思想是引入数据探索的自助服务方法，使相关的业务数据集可以在组织中共享。

而现在，流式数据源的比重逐步加大，无论是移动设备环境、传感器等受限设备、还是简单的用户在线操作（例如，嵌入式客户聊天功能），在所有这些情况下，数据通常应在到达时立刻进行处理。这与静态的数据集不同，数据在 dump 后进行批处理。问题是，如何建立这样的实时数据湖（缺乏更好的术语）？有哪些指导性的架构方案可以指导搭建实时数据湖?

在过去的几年中，有几种主要的体系结构，它们可以按比例同时处理静态数据和实时数据。值得注意的是，Nathan Marz 基于他就职 BackType 和 Twitter 期间获得的分布式数据处理系统的经验，提出了 Lambda Architecture 这一通用、可扩展和容错的数据处理架构。Lambda 架构旨在满足对系统健壮性的需求，该系统能够容忍硬件故障和人为错误，并能够在各种负载下工作以及满足低延迟读写需求。它结合了跨越所有

（历史）数据的 batch layer 和实时数据的 speed layer。你可以在 *http://lambda-architecture.net* 上了解更多相关信息。

另一个相关的架构是由 Jay Kreps 于 2014 年推出的 Kappa 架构。实质上，它的核心是分布式日志，并且比 Lambda 架构更简单。你可以在 Martin Kleppmann 的《Designing Data-Intensive Applications》（O'Reilly）中找到该架构关于实现实时数据湖的进一步演化。

无论你选择何种架构，最终，你都需要具体的技术架构实现方案。在这里，我将它们分成三部分，你最终可能会用到其中至少一种：

- 数据存储：HDFS，HBase，Cassandra，Kafka。
- 处理引擎：Spark，Flink，Beam。
- 交互：Zeppelin/Spark notebook，Tableau/Datameer。

最后，在数据湖中，弄清数据出处至关重要。能够分辨数据集（或数据流）的来源及其包含的内容，以及访问其他相关元数据，对于数据科学家能够正确选择和解释数据，并提供具有置信度测量的结果至关重要。

实时数据湖已经成功地在各个领域投产，包括金融行业（从欺诈检测到奖励计划）、电信和零售业。大多数组织从一个小而聚焦的应用程序开始，不断总结经验，将仅作用于特定应用的数据集扩展到横跨不同部门和应用的数据湖，为组织提供了在技术层面和“人类用户”方面都可扩展的基础数据架构。数据湖的底层设备，本身就是由普通硬件分布式构成，在处理和存储上具备分布式特性，因此天然具备可扩展性。然而，在“人类用户”方面可能存在更多挑战。首先，如果没有元数据，数据湖有可能变成数据沼泽。此外，数据科学家、数据工程师和开发人员之间的相互影响也特别值得注意。应该类似于 DevOps 哲学，建立共享与共同责任文化。

Lambda 架构

让我们进一步了解 Michael Hausenblas 提到的 Lambda 架构。它同时具备批处理与实时处理的能力，如图 5-5 所示。

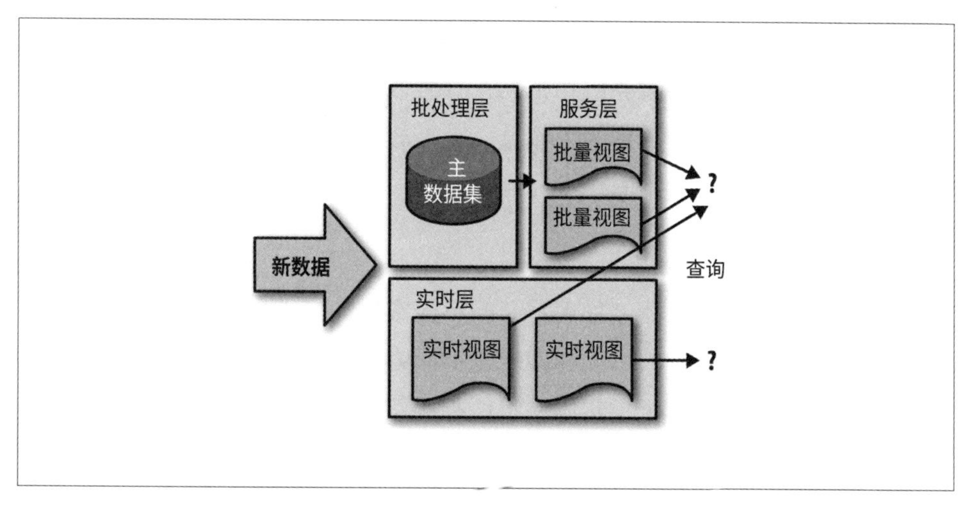

图 5-5：Lambda 架构

传入的实时数据流将同时存储在 batch layer 的主数据集与 speed layer 的内存缓存中。然后，来自 master 数据集的数据将建立索引，并通过批处理视图进行使用，而通过实时视图可以访问 speed layer 中的数据。

批处理和实时视图可以单独查询，也可以一起查询，以回答任何历史或实时问题。这种架构非常适合 Hadoop 数据湖，其中 HDFS 可用于存储主数据集，Spark 或 Storm 可以构成 speed layer，HBase 可以充当服务层，Hive 可以用于创建查询视图。

想要获得更多关于 Lambda 架构的信息，可以查阅 Nathan Marz 和 James Warren 的《Big Data: Principles and Best Practices of Scalable Realtime Data Systems》(Manning)。

数据转换

在使用业务数据进行分析时，出于以下几方面原因，需要对其进行转换：

协调

来自不同来源的数据应该转换为公用格式与schema。这要求数据架构师理解并仔细地将每个源系统中的每个属性映射到该统一schema上。实际上，考虑到协调数据所需的工作量，大多数分析只包含一小部分属性，其余大部分属性都会被抛弃。

实体解析与调和

来自不同源的相同实体（如客户）的不同实例需要被识别为指代相同的实例。例如，同一客户的名称和地址在不同系统中可能略有不同，必须予以识别和匹配。一旦解析了实体并将所有实例组合在一起，就必须解决所有冲突（如不同的源可能具有同一客户的不同地址，应该保留哪个地址就是所要解决的冲突）。

性能优化

在某些系统中，例如关系数据库，一些schema有助于更快的分析查询。如本章前面所述，星型模型就是这样一种常见的优化。

幸运的是，在数据湖中，由于仅在读取数据时需要schema（在写入数据时不强制执行，如第3章所述），因此可以按原样从各种来源提取业务数据，并根据分析的需要进行协调。因此，对于那些我们暂时不需要处理的数据，我们可以将它们先存放于数据湖中，直到我们需要时再进行处理，而不是抛弃它们。

实体解决可以采用相同的方法。我们需要协调项目所需的实体，并且只考虑我们所关心的属性的冲突，而不需要协调来自不同系统的所有实体并解决所有属性的冲突。然后我们可以用最适合的方式解决它们。例如，一般实体解析可能侧重于查找客户的当前地址。但是，如果我们要确定San Francisco 49ers足球队促销活动的目标客户，那么获取到客户所有地址信息将很有帮助。

解决冲突将集中在确定一个人是否曾经住在旧金山，而不是试图找出他们目前的居住地址。

最后，由于 Hadoop 具有强大的转换处理能力，它可以有效地执行分析中重大转换导致的大规模查询，并且可以有效地执行在分析期间需要进行重大转换的大规模查询，因此，出于性能考虑，我们通常不需要事先将数据转换为易于分析的 schema。

但是，有趣的是，Hadoop 经常为其他系统执行转换工作，例如数据仓库。如前所述，按这种方式将业务数据转换为数据仓库所需的分析模式是 ETL 数据迁移的一种形式。业务数据按原样提取到 Hadoop 中，然后转换并加载到数据仓库中。一种实用的方法是将所有或大部分业务数据采集到数据湖中，而不仅仅是数据仓库所需的数据。最终，只有一部分数据被加载到数据仓库，而数据湖则包含了所有数据，以便用于其他分析和数据科学工作。此外，由于这些数据已经在数据湖中，如果后续需要，可以很方便地将其添加到数据仓库中。

图 5-6~ 图 5-9 展示了由传统数据仓库到更通用的数据湖的过程。我们从图 5-6 中所示的传统数据仓库（DW）设计开始，其中 ETL 工具用于从业务系统中提取数据，按照数据仓库的 schema 进行转换，并将其加载到数据仓库中。

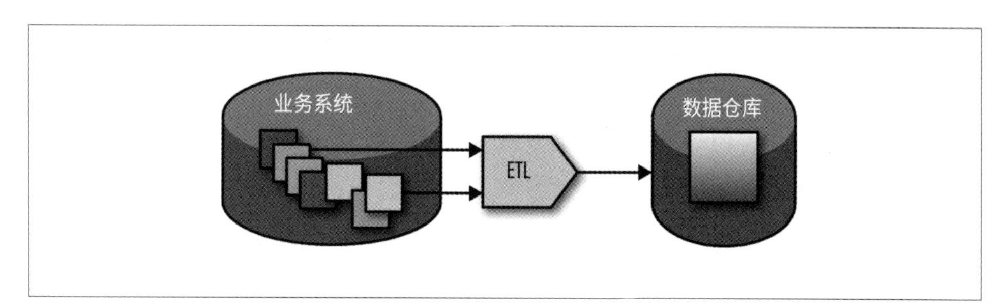

图 5-6：传统 ETL 过程

多年来，高端数据库厂商鼓励他们的客户使用他们的数据库引擎进行转换（第 2 章中讨论的 ELT 模型，如图 5-7 所示），而不是将其留给外部 ETL 工具。

这些厂商认为只有像他们这样的具备高可扩展性的系统才能处理加载数据仓库的大数据量和复杂性。

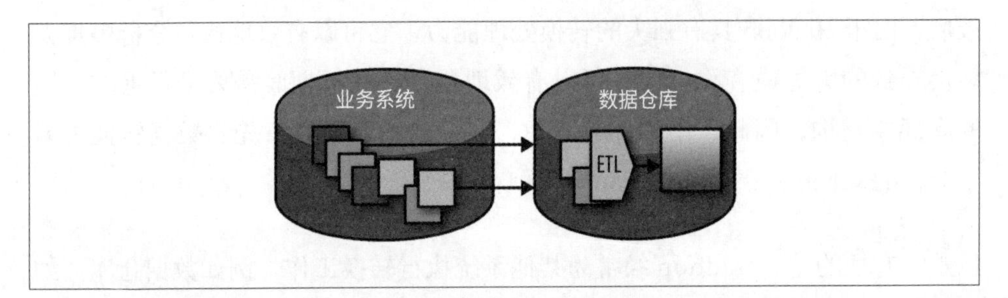

图 5-7：ETL 过程

ETL 迁移方案中，使用 MapReduce、Spark 或使用 Hive、Pig、Sqoop 来构建基于 Hadoop 的 ETL 作业，取代了 ETL 工具或数据仓库中进行的 ETL 的作业，如图 5-8 所示。业务数据直接采集到 Hadoop 中，然后转换为所需的 schema 并加载到数据仓库中。

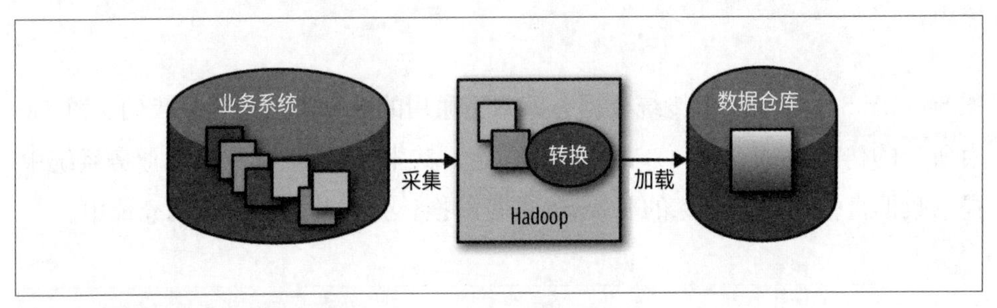

图 5-8：使用 Hadoop 实现去 ETL

此时，Hadoop 包含加载至数据仓库的原始源数据的原始格式。如果我们继续添加其余业务数据，那么，其实我们就已经开始构建数据湖了，它将原始数据放置在原始区，将清理和转换过后的数据存放在生产区，如图 5-9 所示。

目标系统

来自数据湖的数据可以被各种目标系统消费。这些系统通常是数据仓库、专业分析型数据库以及数据集市，但信息的消费者也可以是应用程序，如

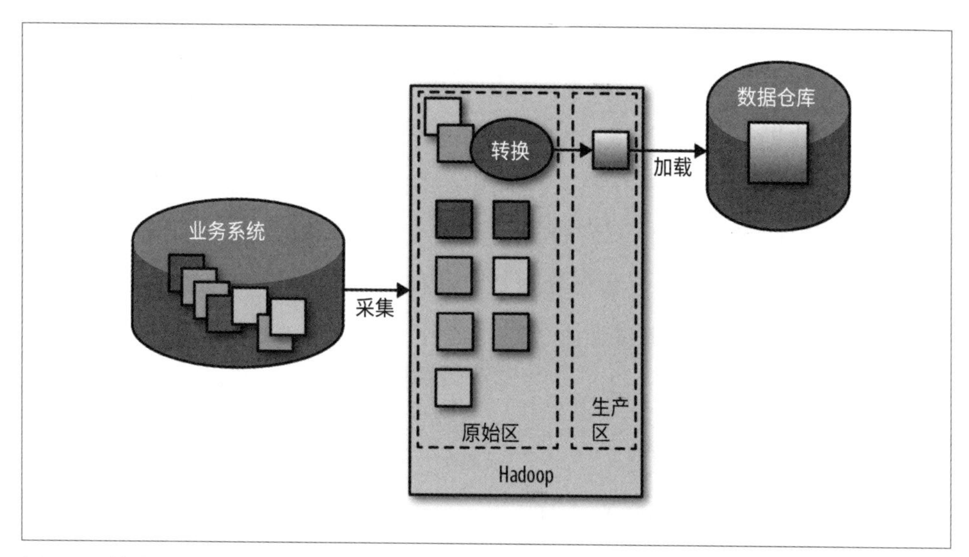

图 5-9：基于 Hadoop 的 ETL 迁移项目，包含原始数据、清洗数据和转换数据

ERP、CRM 以及实时应用程序，甚至是想要为其模型提供原始数据的数据科学家。

我们将研究以下目标系统的消费范例：

- 数据仓库。
- 业务数据存储。
- 实时应用程序和数据产品。

数据仓库

我们在上一节介绍了 ETL 迁移。在数据湖中运行的 ETL 作业生成的数据通常可以通过以下两种方案加载到数据仓库中：①创建可由数据库工具批量加载的文件；②创建无需任何转换的简单 ETL 数据加载作业。

业务数据存储

业务数据存储（ODS）用于存储经过合并、清理和规范化的数据。它解决了

ELT 作业会干扰并影响分析作业性能的缺点。通过将所有处理工作移动到单独的 ODS，企业可以保护分析查询性能不被 ELT 作业影响。虽然数据湖可以将处理后的数据提供给 ODS，但它本身还是 ODS 的一个非常好的替代品，此外，结果数据也可以保存在数据湖中，供分析使用。在许多方面，使用 Hadoop 或其他大数据平台作为 ODS 是去 ETL 的自然扩展。在此方案中，更多功能（如数据质量和主要数据管理）将迁移到 Hadoop，并将结果提供给需要从 ODS 获取数据的其他数据系统。

实时应用和数据产品

实时应用一般用于处理数据流，从自动库存补货到健康监控，各行业都存在着处理实时信息的特定场景。数据产品是由数据科学家创建的统计模型的生产部署，它可以实时或批量地处理数据。

我们可以将实时应用和数据产品的输出粗略地概括为几个类别，如图 5-10 所示。

仪表板

　　它们显示系统的当前状态。股票行情、实时选举结果以及机场到达和离开显示都是实时仪表板的用例。随着实时事件的处理，仪表板状态会不断更新。

自动化操作

　　在处理事件时，基于特定条件，系统会自动响应。这也称为复杂事件处理（CEP），可以控制从工厂流水线操作到库存管理、自动补货、运输物流和气候控制等任何事项。还有些数据产品可用于执行自动股票交易或广告拍卖竞标，数百万次的出价能够在几秒钟内完成。

提醒和通知

　　这是人工密集型（员工不断监控仪表板）工作的替代方案，通过编写复杂的自动化程序来处理任何可能的情况。许多实时系统通过自动化增强人工智能，它们在触发通知条件时向用户发送通知。触发条件可以从简单的条件（例如，当温度达到某一点，在控制面板上弹出警告）到包含历史和实时数据的复杂条件（例如，当网站年同比流量超过 20%时，向管理员发送电子邮件消息）。

数据集

数据产品经常执行生成数据集的批量操作，例如通过客户细分生成邮件推广活动的客户列表或生成房价预估报表。

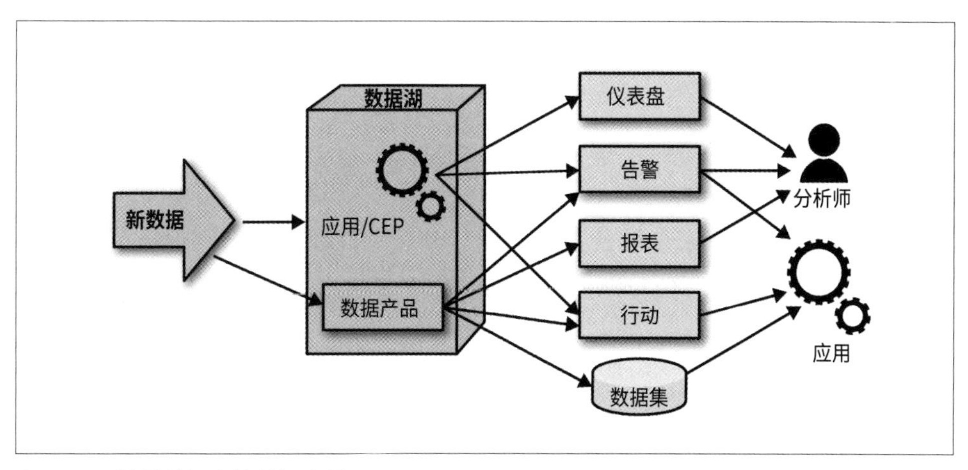

图 5-10：基于数据湖的数据产品

小结

如本章所述，数据湖可以作为数据仓库的优秀替代品，并且可以包含一些现有系统和处理能力，如 ETL 和 ODS。然而，当数据湖用于解决企业中出现的其他不同需求（如高级分析、临时分析和业务用户自助服务）时，才是真正展现其功能和价值的时候，后续章节中我们会进一步介绍。考虑到数据湖强大的处理能力、数据共享和集中处理带来的收益，以及大数据处理的高性价比，尽管搭建数据湖的过程并不简单，但却是值得的。

第6章

自助服务优化

只有决策者能够将其行为建立在数据的基础上，才能体现数据的价值。过去，业务用户必须依赖专家来准备数据并进行分析。这使得许多有价值的查询没有被执行，并且经常导致数据延迟、错误和错误解读。

我曾经和一家有名的医学研究医院的医生交流过，他曾用一个星期去学习SQL课程。他解释说他怀疑某个医疗方案的功效，但在未证明安全的情况下无法更改这个医疗方案。他花了近一年的时间试图向IT解释他想要什么，但经常需要等几个星期才能收到数据集，并且发现这不是他想要的结果，接着再等待一段时间来收集更多的数据，并投入更多时间来进行分析，却发现这也不是他想要的，周而复始。最后他变得非常沮丧，以至于去报名参加了SQL课程，这样他就可以自己探索数据了。通过这项新技能，不到两周他就找到了改善治疗方案所需的数据。这只是众多故事中的一个，展现了自助服务的价值以及当分析师能直接探索数据时他们可以取得的惊人突破。

本章深入探讨了企业应该如何重新考虑收集、标记和共享数据以实现自助服务模式来赋能业务方。我们将探索一些问题，例如帮助用户在数据湖中找到有用的数据，建立用户对数据准确性和数据价值的信任，以及帮助用户进行自助分析。如果不建立对数据的信任，业务分析师将不愿意依赖数据来做决策，或者可能做出错误的决策。

自助服务起源

过去的经验告诉我们，数据仓库的第一批需求都是伪需求，这是一个众所周知的数据仓库 1.0 问题。在得到一个功能正常的数据仓库之前，IT 必须构建第一代 schema 并附带一些报表。这给了用户一些实际的东西来弄清楚他们真正需要什么，然后 IT 才能产出真正满足用户需求的数据仓库。除了极少数高级用户外，大多数分析师没有能直接使用数据的技能或工具。

由于很多用户（如之前故事中的医生）对数据的兴趣和诉求不断增长，导致 IT 的需求响应时间越来越长。我们目睹了应用程序生成的数据量以及从外部提供商获得的数据量的暴增，以及业务方希望能够以近实时速度处理数据期望的增加。这使得 IT 已经无法应对数据量和用户期望同步上升带来的挑战。

然而，新一代的分析师，领域专家（SME）和决策者比任何一代人都更加具备技术和计算机知识，因为他们在数字时代成长，并且大多数人在高中或大学已接触过编程。这一代人更倾向于对数据进行"自助式"访问。他们想要自己查找、理解和使用数据。此外，云计算还使业务方可以在没有 IT 部门的帮助下获取自助分析所需的基础设施。

在本章中，我们将对比旧方法和新方法。旧方法是 IT 部门为业务分析师提供分析服务，而业务分析师为用户执行分析。新方法是自助服务，业务方希望自己就可以进行分析。为了避免不必要的复杂性，我会将执行分析的人称为分析师，他们可能是具有正式分析师头衔的人，可能是执行自助分析的业务方，也可能是进行高级分析的数据科学家。

之前 ETL 版本的数据建模和商业智能（BI）工具是为程序员和架构师创建的，而新一代工具则是专为高级用户直接访问而设计。在过去，大部分工作由专家完成：

- 数据建模人员为数据仓库设计 schema。
- ETL 开发人员创建 ETL 作业，从源应用程序中提取数据，对其进行转换并加载到数据仓库中。

- 数据质量分析师创建验证作业用于检查数据的正确性。
- BI 开发人员创建可供用户切片和切块的报表和在线分析处理（OLAP）cube。
- 元数据架构师创建业务术语表来组织各种数据元素的含义，创建元数据仓库来跟踪企业中的数据。

分析师只能基于诸如业务领域对象之类的语义层进行分析，他们通过使用更高级别的预构建结构（业务对象，如客户和订单）来组合数据，而无需了解实际数据操作的复杂性。例如，用户可以将客户和订单相关的业务对象数据添加到报表中，这样就能够查看每个客户的订单。这种方法虽然非常方便，但仅限于 IT 人员创建的业务对象，而且任何变更都需要多人审核和批准，这有时甚至需要数月。

数据自助服务革命颠覆了这种局面。Tableau、Power BI 和 Qlik 等自助数据探索和可视化工具正在迅速取代传统的 BI 产品，这些工具允许分析师直观地浏览数据并直接使用它来创建图表。现在，分析师可以使用 Excel、Trifacta 和 Paxata 等数据预处理自助工具将数据转换为他们想要的形式。

此外，自助服务元数据工具（如 Waterline Data 和 IBM Watson Catalog）允许分析人员自行注释、查找和理解数据集，而无需向 IT 提需求。

图 6-1 展示了自助服务分析领域中分析师对于 IT 的依赖性以及 IT 的负担是如何显著降低的。现在的自助服务工具几乎都是以分析师为目标用户的，它们通常不需要任何 IT 参与就可以部署和使用（一个例外是跨 IT 和业务的元数据工具，它通常是由 IT 管理但由分析师使用）。然而，为了使数据保持稳定，底层数据基础设施仍然完全掌握在 IT 手中。

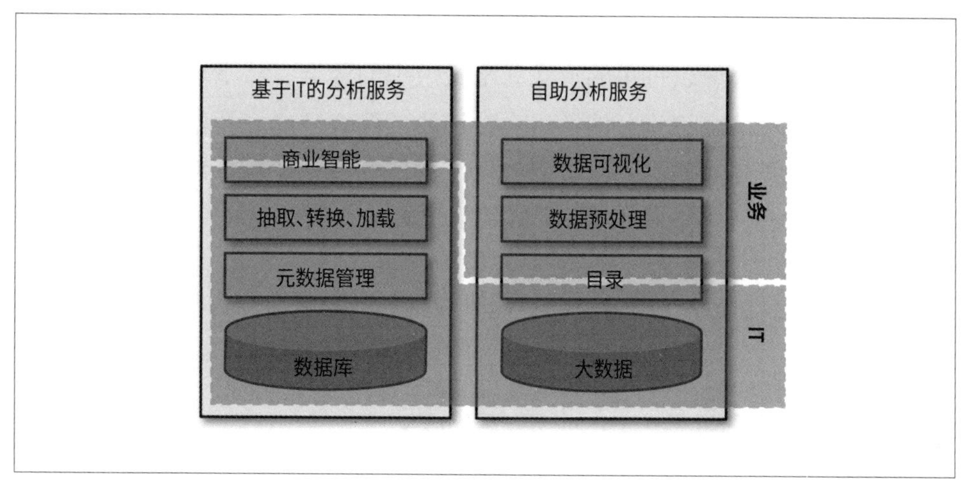

图 6-1：通过自助分析赋能分析师并减轻 IT 负担

业务分析师

遗憾的是，如今大多数企业并没有真正支持自助服务模式，因为数据仓库并非是为处理大量的即席查询和分析而设计的。正如我们之前讨论的那样，它们经过精细的调优，以支持关键的生产报告和分析。如果允许数百甚至数千个用户随意地发起格式有误的查询，那么就会影响这些功能的正常使用。此外，分析过程中通常需要将数据仓库中的数据与其他数据集相结合，但是向数据仓库添加任何内容都是一个昂贵而耗时的过程，会涉及大量的工作，包括设计、架构、安全审批以及 ETL 开发。

因此，在许多企业中数据湖的主要目的之一是创建可以实现这种自助服务的环境。要了解自助服务，我们有必要去分析一个典型的业务分析师工作流程（见图 6-2）。

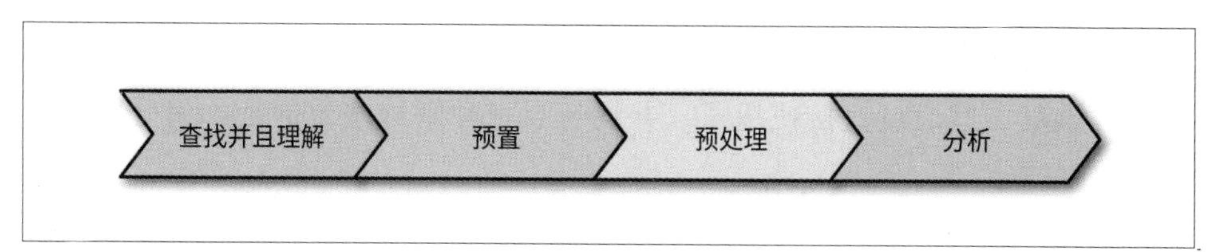

图 6-2：业务分析师的工作流程

正如我们在第 1 章中看到的，首先分析师必须找到并理解所需的数据。下一步是提供数据，获得以可用的形式和格式组织的数据。接下来，需要预处理数据以进行分析，这可能会涉及组合、过滤、聚合、修复数据质量问题等。一旦数据处于正确的形态，分析师就可以使用数据发现和可视化工具对其进行分析了。

下面我们来详细介绍下前三个步骤，同时介绍如何对已识别的数据建立信任。

发现和理解数据——企业数据归档

分析师希望使用他们熟悉的业务术语来搜索数据（例如，“我需要客户人口统计信息，包括年度支出、年龄和位置”），而数据集和字段通常使用模糊的技术术语。这使得分析师很难找到并理解数据。为了填补这一空白，许多企业寄希望于用数据目录把业务术语（或标签）跟数据集（及其字段）相关联，让分析人员使用标签快速查找数据集，并通过查看与每个字段关联的标签来了解这些数据集。通常，多个数据集都包含分析人员需要的数据，下一步是确定选择使用哪一个数据集。在需要做出选择时，分析师通常会对数据的完整性、准确性和可信度进行判断（我们将在下一节中讨论建立信任的问题）。

想要为业务分析师提供自助服务，元数据是至关重要的，但它们在构建和维护方面具有挑战性。这是因为在大多数企业中，关于数据的知识都只保存在一部分人的头脑里，包括数据在哪里、什么情况下用哪个数据集以及数据是什么含义，这通常被称为“部落知识”。

如果没有数据目录，要找到数据集来解决特定问题，分析人员必须向其他人进行咨询。如果足够幸运，找到的是领域专家，那么他们可以找到正确的数据。但是，可能很难找到领域专家，因此分析师可能只找到一个用于解决类似问题的数据集，然后就直接使用了，并没有真正理解这些数据是如何处理而来或者来自何处。

这有点像在你的项目中玩俄罗斯轮盘游戏，它类似于你向周围的人询问是否有人认识可以治疗你右侧疼痛的医生，一些同样患了右侧疼痛的人告诉你他们服用了一种特殊的药，于是你也服用了从他们那里获得的药，期望能够减轻痛苦。但是他们的药物可能并不一定适合你，而且你不知道它是什么，它来自哪里，或者它是否过期。即使你找到了一位声称对你的疼痛有所了解的医生，你也不知道该医生是否有资质进行诊断。毋庸置疑，这是一个令人难以置信的痛苦的（双关语）、耗时且容易出错的过程，无论是应用于医学还是数据领域。

在Google，Yelp和维基百科的时代，我们习惯于通过众包的方式来获取知识。同样的方法也被企业用于从分析师那里获取部落知识，希望可以将他们头脑中的信息提取统一到术语表和元数据库。然而这些努力非常耗时，并且还会有两个障碍。首先，只有最重要的数据具有文档信息，这些数据通常被称为关键数据元素（CDE）。这些信息通常包括主数据中的描述性字段，例如客户和产品属性，以及核心事务字段，例如订单ID、日期和金额。其次，即使对于CDE，随着数据集、业务流程和规则的变化以及技术的发展，其内容也会很快过时。

克服这些挑战的最佳做法是：

- 众包所有部落知识，并将其提供给每个人。
- 自动为数据集添加注释。

十年前，分析通常由专业人员执行，他们花费所有时间来处理数据，因此有关数据的知识主要集中在分析和数据架构团队。在如今的企业中，分析是由每个需要做出决策的人完成的。再加上数据的扩散，这使得找到了解数据的领域专家（SME）变得更加困难。中小企业通常没有领域专家这个全职岗位或正式角色。一些企业已经发展出一套正式的数据管理框架，在这个框架中，由全职或兼职（更常见）的员工担任数据管理人的角色，由他来确保数据使用得当、符合政府和内部法规，并保持高质量。但是，大多数领域专家甚至正式数据管理员都是在无偿帮助其他团队，而同时他们还需要完成自己的本职工作。领域专家经常对这个角色感到不满，不喜欢反复向不同的团队解释相同的问题。众所周知，分析人员会用一些奖励措施激励领域专家，比如一顿午餐，以换取他们的时间和知识。但是在午餐结束时，分析师可能只掌握了他们所需的部分知识。如果幸运的话，他们还可以向其他领域专家咨询剩余知识，而这又需要更多午餐成本。

由于企业开始认识到领域专家及其知识的价值，他们正在尝试各种方式来鼓励众包。一些最佳实践包括：

- 让领域专家能尽可能简单有效地记录知识。通常，这是通过创建词汇表或分类法，让领域专家用这些业务词汇标记数据集，而不必为每个字段编写详细的描述。
- 通过称为“folksonomy”的动作进一步增强标签，允许领域专家使用他们熟悉的术语作为标签，而不是强迫他们学习强加的分类法（无论是本地的还是行业标准的，如金融服务的FIBO）。例如，美国分析师可能会寻找“first name”和“last name”，而欧洲分析师则会寻找“given name”和“family name”。虽然这些是简单的同义词，但有时这些词语还有其他内涵和语义。例如，一个企业可能认为“due date”和“default date”等价，而另一个企业则认为“default date”是“due date”+“grace period”。不同地理位置、业务、功能和收购引入的多样性和复杂性相当惊人。
- 通过公开表彰领域专家的工作来鼓励他们分享知识，由他们曾帮助过的项目来颁发奖章，或者公开对他们表示感谢。
- 让“可以向哪些人咨询哪些数据集”这样的信息更容易获取。这不仅有助于分析人员找到合适的人选，还鼓励领域专家为他们的数据集创建文档，因为有了文档，无需再向每个新用户解释。例如，Google实现了一个可搜索的数据目录，让用户能找到每个数据集的领域专家，人们发现领域专家会很快厌倦回答相关问题，转而为那些频繁使用的数据集创建文档。
- 让那些与领域专家交流的分析师能够方便地将所学内容以标签和注释的形

式保留下来供将来使用，避免再次打扰领域专家。这可能是最有效的技术，通过这种方式，知识得以迅速传播并固化下来。

虽然众包领域专家的知识是向自助服务迈出的重要一步，但企业中庞大的数据量使人们无法手动记录所有内容。因此，通常只有少数已知且常用的数据集具备良好的文档，而大多数仍然没有文档化。这在新数据集出现时会有问题，无法立即为这些数据集创建文档，因此分析师可能无法找到。

自动化可以解决这个问题。新工具有效地将众包和自动化结合起来进行“自动数据发现”，基于领域专家和分析师提供的标签自动为数据集打上标签、添加注释。这些工具利用人工智能（AI）和机器学习来识别和自动标记数据集中的元素，因此分析人员可以找到并使用它们。Waterline Data的智能数据目录和IBM的Watson数据目录就是很好的例子。第8章将会详细介绍数据目录。

建立信任

一旦分析师找到相关的数据集，下一个问题就变成了数据是否可信。虽然分析师有时可以轻松访问到经过清洗的、可信的、精选的数据集，但他们通常必须独自确认是否可以信任这些数据。信任通常基于三个维度：

- 数据质量——数据集的完整性和整洁性。
- 血缘（又名起源）——数据来自哪里。
- 管理员——谁创建了数据集，以及为什么创建。

数据质量

数据质量是一个广泛而又复杂的话题。在实践过程中，质量可以被定义为数据是否符合规范，其范围可以从简单（例如，客户名称字段永远不应该是空的）到复杂（例如，必须基于购买位置正确地计算销售税）。最常见的数据质量规则有：

完整性

字段不为空。

数据类型

字段的类型正确（例如，age 必须是一个数字）。

范围

字段的值位于指定范围内（例如，age 介于 0~125 之间）。

格式

字段具有特定格式（例如，美国邮政编码可以是五位数字，可以是九位数字，也可以是前五位数字和后四位数字通过短横线隔开）。

基数

字段具有特定数量的唯一值。（例如，如果美国州名字段有超过 50 个唯一值，我们就知道这存在问题。我们可能仍然不知道每个值是否是合法的州名，但如果我们已经获得了所有合法的州名，那么检查基数足以进行健壮性检查，以捕获任何非法州名，因为非法州名会导致不同的州名数量超过 50）。

专一性

该字段的值具有唯一性（例如，客户 ID 在客户列表中应该是唯一的）。

参照完整性

该字段的值位于引用值集中。（例如，所有客户状态码都是合法的，订单列表中的每个客户 ID 都指向客户列表中的一个客户。对于某些值，如状态，我们可能会通过基数检查来避免出错，客户状态码可能对我们如何服务客户以及如何收取费用等产生重大影响，因此为了确保每个客户都拥有合法的状态码，需要检查每个值，这很重要）。

检查数据质量的最常用方法称为数据剖析。这种方法涉及读取每个字段中的数据并计算指标，如空字段数（完整性），唯一值数（基数）和唯一值百分比（专一性），以及检查数据类型和范围，格式化和执行引用完整性检查。

除基本数据剖析外，还可以定义自定义规则以验证数据的特定方面。分析的优势在于它可以自动且普遍地用于所有字段，然后由使用数据集的分析师进行审查以确定质量水平。另一方面，自定义规则则必须进行手工设计、实现并应用于相关数据集。

血缘（起源）

数据质量检查告诉分析师数据的质量，血缘告诉他们数据来自哪里。例如，来自 CRM 系统的客户数据比来自数据集市的客户列表更值得信赖，因为前者是记录客户数据的系统，后者可能是来自特定地理或人口统计的客户的子集，并且可能包含修改过的或过期的客户数据。

在某些行业，例如金融服务业，血缘是合规检查的一部分。例如，Basel 银行监管委员会的第 239 规则要求金融服务公司向审计员展示说明用于财务报告的数据的血缘。因此，如果产品区的数据用于财务报告，则必须记录其血缘并使其保持最新。

展示数据血缘存在许多挑战，特别是系统标识和转换逻辑方面。由于数据会经过许多系统和工具处理，因此通常很难确定不同的工具指向的是同一个的系统还是不同的系统。此外，由于不同的工具转换方式不同，有些很直观，有些使用编程语言，有些使用查询语言或脚本，因此很难以统一方式来表示所有的转换。

让我们先看下标识过程。想象一下有两个 Hadoop 文件。其中一个使用名为 Sqoop 的开源 Hadoop 工具创建，该工具使用 Java 数据库连接（JDBC）执行关系数据库查询并将结果加载到文件中。另一个通过使用开放式数据库连接（ODBC）接口的 ETL 工具创建，该工具从同一数据库中的同一表读取数据。可能没有程序化的方法来识别两个文件数据是否来自同一个数据库。此外，因为 Sqoop 可以执行自由格式查询，因此可能无法识别 Sqoop 与 ETL 工具最终读取的是否是相同的表。

ETL 工具的一大特点是，如果所有转换都由一个工具执行，则该工具就可以解决标识问题，并且可以使用 ETL 工具内部任何标识来轻松表示技术血缘。但是，如果你的企业与大多数企业一样使用多个 ETL 工具，则必须解决身份以及标识问题。有许多方法可以表示血缘，具体取决于目标用户。例如，业务分析师更喜欢业务级别的血缘，它描述了如何使用业务术语和简单的解释生成数据。大多数技术用户更喜欢直接使用用于生成目标数据集的特定代码作为技术血缘，或者使用该代码的等效图形。

技术血缘具有挑战性，因为可以使用各种程序、编程语言、脚本和工具，通过多个步骤来生成数据集。技术血缘需要考虑两个方面：粒度和转换形式。

你可能会遇到两种级别的粒度：

数据集粒度

通常会获取各种数据集之间的血缘关系并将其表示为有向图。换句话说，获得或转换数据的每个步骤都显示为节点或框，箭头表示流经这些节点的单向数据流。通常，用于生成数据集的程序也被表示成图形上的节点，而不是详细的代码片段。

字段粒度

获取每个字段的血缘信息并通过有向图表示，通常用不同的节点来表示不同的转换。有时，这种血缘级别可以与数据集级别的血缘在单个图形上合并展示，以便用户在使用界面中，针对特定的目标数据集，从数据集级别下钻到向字段级别。

你可能还会看到两种转换形式：

规范化形式

所有转换都表示为通用形式，这很困难，因为数据集可能是使用各种过程语言和声明式语言生成的，因此转换可能很复杂（甚至不可能）。

原始形式

所有转换都以原始语言或脚本表示。这也是一个挑战性，因为一个数据集可能是使用复杂软件生成的，这使得通过程序提取生成该数据集的逻辑非常困难。

让我们来看一个例子。假设我们有两个 Hadoop 文件：一个从数据仓库下载，其中包含带有客户地址的完整客户列表；另一个来自名为 Data.gov 的公共网站，包含了每个邮政编码代表的区的平均收入。

一旦我们下载了这两个文件，我们就会基于文件所在目录（Cust 和 IncomebyZip）创建两个 Hive 表，以提供 SQL 查询能力。然后，我们执行 SQL 查询，从 Cust 表中选出来自 Californian 的客户，并将其与 IncomebyZip 表连接，从而最终生成 CalCustRelIncome 表，该表根据每个客户的家庭收入与其邮政编码中的平均值的比较，从而对客户进行评级。

此过程的业务血缘如图 6-3 所示。它将忽略所有中间步骤和细节，并提供英语（或任何语言）描述作为标注，来记录每个重要步骤的实现。当然，业务级别口头描述的问题是，必须有人记录它们，甚至更具挑战性的是，在代码更改时需要维护它们。另一方面，这些描述可能是告诉业务分析师数据集是如何生成的唯一实用方法。

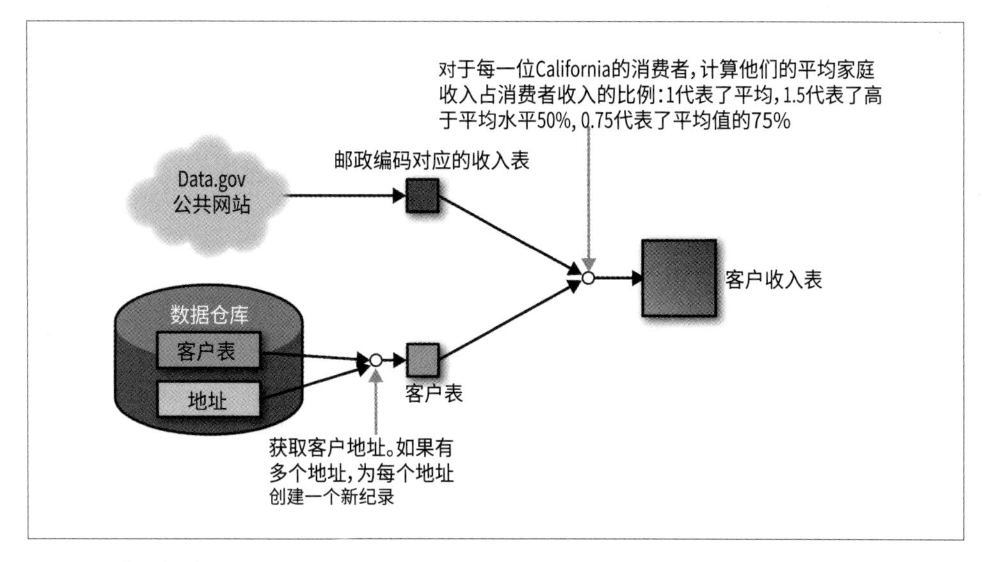

图 6-3：业务级血缘

图 6-4 展示了一个具有更高技术性的数据集表示。它为主要步骤和数据来源提供了清晰的高级视图。但是，它没有提供操作细节。例如，如果我们没有调用目标表 `CalCustRelIncome`，那么就无法从数据集粒度的血缘推断出在 `Cust` 表中只选择了 Californian 的客户。

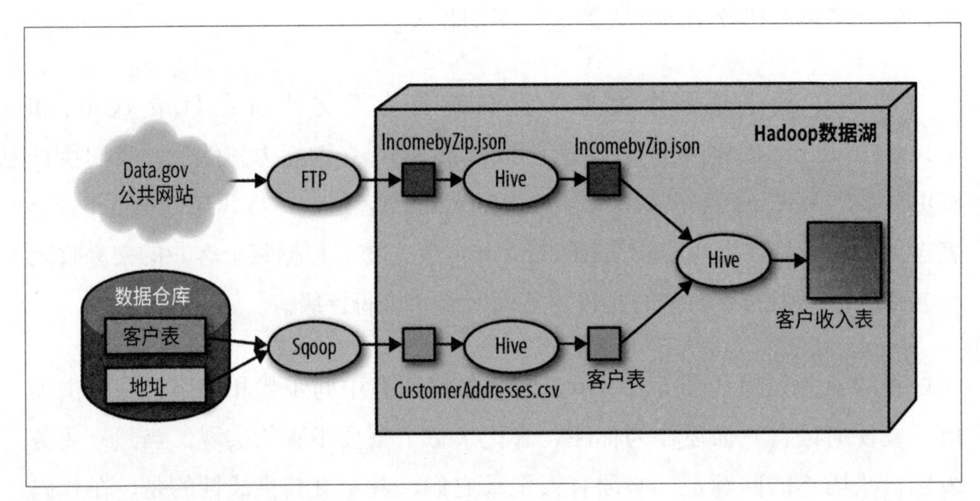

图 6-4：数据集粒度的技术血缘

有时可以向此血缘添加更多详细信息，例如，Sqoop 节点会显示有关 Sqoop 的查询脚本，Hive 节点会显示有关 Hive 的查询脚本，如图 6-5 所示。

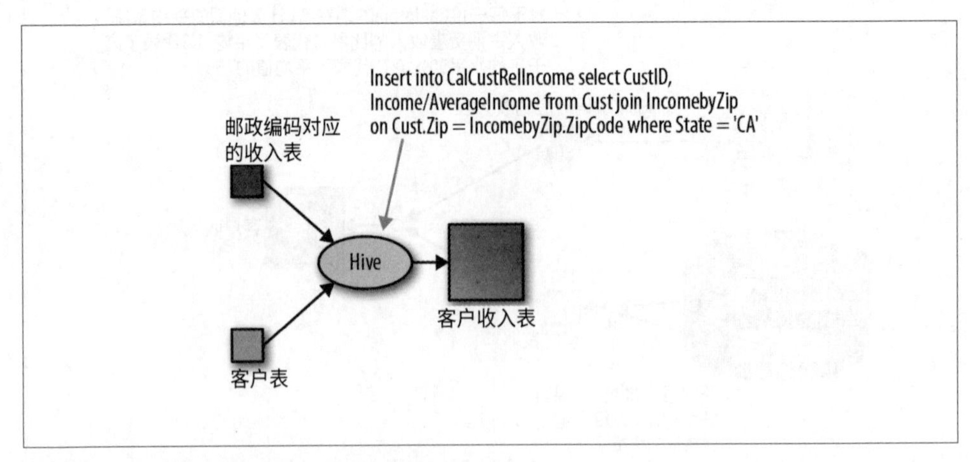

图 6-5：为数据集粒度的转换节点添加详细信息

现在让我们看一下如何使用规范化的图形来表示简单 Hive 查询的字段级血缘关系，如图 6-6 所示。

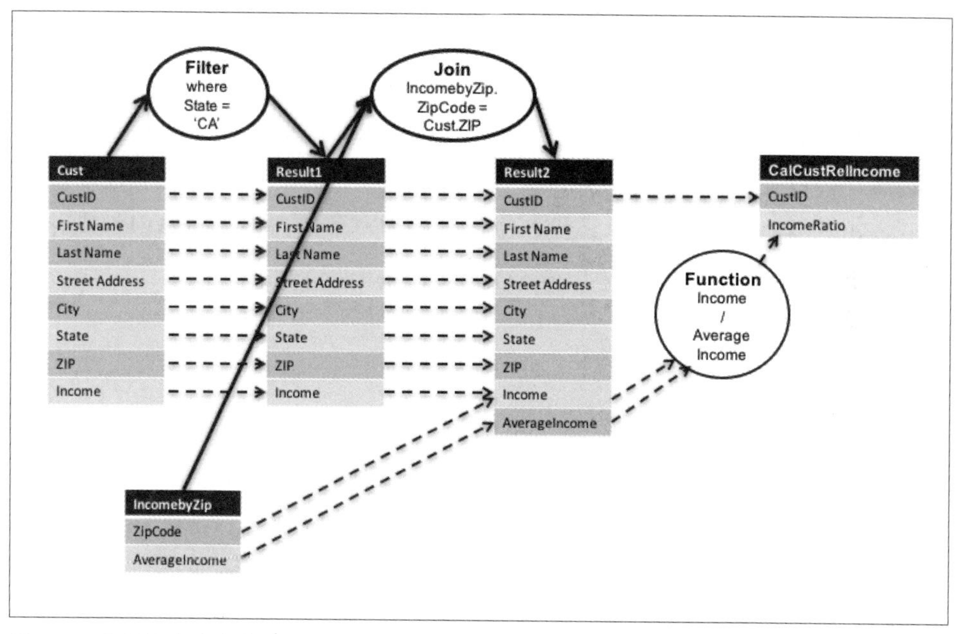

图 6-6：字段粒度技术血缘

在图 6-6 中，使用虚线描绘了字段级操作，使用实线描述了数据集操作。如果仅将字段从源复制到目标，则使用从源字段到目标字段的虚线表示。如果涉及操作，则用圆表示，操作的输入和输出用虚线表示。集合操作（椭圆）的输入和输出由该操作和特定数据集之间的实线表示。单个 Hive SQL 查询由三个步骤或节点表示：

Filter 节点

应用 filter 操作，从 `Cust` Hive 表中只取 California 的客户。

Join 节点

结合第一步操作结果和 `IncomebyZip` Hive 表，根据邮政编码为每个客户计算 `AverageIncome`。

Function 节点

获取 `CalCustRelIncome` Hive 表的字段，并通过将客户收入除以平均收入来计算每个客户的 `IncomeRatio`。由于计算是作为查询的一部分进行的，因此该函数没有名称，由执行所需计算的代码表示。

要生成此图表，血缘系统必须能够解析和理解 Hive SQL，并将其分解为独立的操作。这是一项非常重要的工作，特别是因为用户可能选择编写 Java MapReduce 程序或 Pig 脚本，或者使用了许多可能难以或不可能以标准化方式表示的其他方式，而不是使用像 SQL 这样的声明语言。

监管

信任需要建立在一定的社会层面。分析师依靠口口相传找到值得信赖的领域专家。正如一些博主、YouTuber 和行业专家通过提升信誉度和发展粉丝而脱颖而出，一些用户在数据湖中的注释和管理可能比其他用户更可信。这些可信用户可能对数据负有组织责任，他们可能是官方数据管理员，也可能是广受认可和尊重的专家。即使有些组织具有成熟治理结构和正式的数据管理员，一些数据管理员可能比其他人更有知识，有时对于经常创建或使用的数据集，分析人员比正式数据管理员更了解它们。为了解决专业知识的分散性和非官方性，一些企业正在转向使用 TripAdvisor 和 Yelp 等消费者网站采用的典型方式，允许用户根据信息是否有用、准确来进行打分，来识别可信的审查者。

数据预置

一旦确定了正确的数据集，分析师就需要使其可用，也就是"预置"它。预置有两个方面：获得使用数据的权限以及物理地获取到数据。

数据湖面临的一大挑战是决定哪些分析师可以访问哪些数据。在某些行业中，让每个人都能访问所有数据是完全可以接受的，这就解决了第一个问题。然而，大多数行业需要处理大量敏感数据。数据集可能包含个人身份信息（PII）、财务信息（如信用卡和账号）以及业务敏感信息（如订单大小和折扣）。

传统的访问控制方法为每个用户创建账户，将用户添加到一个或多个组，并为每个数据集或字段指定特定用户和组的访问权限。例如，所有美国营销分析师都可以访问美国销售数据，但不能访问欧盟销售数据。当一名新的营销分析师在美国受雇时，他们会被添加到美国营销分析师小组并访问美国销售数据。如果他们转移到其他团队或加入其他项目，则必须审核其权限和小组成员身份。收到新数据集后，安全团队和数据管理员必须确定谁可以访问它。这种方法存在很多问题：

- 非常耗时。大公司可能一直在雇用员工或在项目之间调动员工。通常，弄清楚谁应该有权获得什么，是一件成本很高并且需要一个责任心很强的人来做。
- 有许多历史包袱，因为转移到另一个项目的人可能仍然在旧团队中有一段时间的职责。分析师有时最终会拥有与他们的工作不再相关且不应该访问的数据的访问权限。
- 有大量数据，有时很难确切地知道谁应该访问哪些数据。

理想情况下，分析师应该能够请求他们需要的数据。但是，如果没有访问权限，他们就无法找到数据。

目录是一种更敏捷的进行访问控制方法，一些企业开始采用这种方法。他们创建元数据目录，使分析人员无需访问数据本身即可查找数据集。识别出正确的数据集以后，分析师提交权限申请，数据管理员或所有者决定是否授限、权限有效期以及对哪部分数据开放权限。访问期限到期后，可以自动撤销访问权限或请求延期。

这种方法有许多优点：

- 在有人申请此数据集之前，不必检查和保护数据集内的敏感数据。
- 分析人员可以在数据库中找到任何数据，包括新加入的数据集，但无法访问它。

- 数据管理员和所有者不必花时间确定谁应该访问哪些数据，除非有实际项目需要它。
- 权限申请可能需要说明理由，这提供了审计跟踪能力，记录了谁在请求哪些数据集以及原因。
- 可以对数据集的一部分进行授权，以及授予特定时间段内的访问权限。
- 由于始终清楚使用哪些数据集，因此数据质量和治理工作可以集中在这些数据集上。例如，ETL 作业只能更新当前正在使用的数据集，敏感数据脱敏和数据质量规则可能仅适用于这些数据集。

我们将在第 8 章中详细讨论数据目录，并在第 9 章中更详细地介绍访问控制和数据获取。

为分析准备数据

虽然一些数据可以按原样使用，但大部分通常需要一些准备工作。准备工作可能像选择适当的数据子集一样简单，也可能涉及复杂的清理和转换过程，以便将数据转化为合适的形式。最常见的数据预处理工具是 Microsoft Excel。不幸的是，Excel 具有很大的局限性，使得在大型数据湖使用 Excel 文件变得不切实际。幸运的是，Alteryx，Datameer，Paxata 和 Trifacta 等新公司以及 Informatica 和 Talend 等更成熟的数据集成厂商已推出了具有更好的扩展性的新型工具。甚至一些数据可视化厂商，如 Tableau 和 Qlik，也将通用的数据预处理功能整合到他们的工具中。Excel 也在不断发展，微软正在开发 Hadoop 接口，用于在 Azure 中运行 Excel。

由于传统的数据仓库的设计是为了执行少数预定义的分析任务，他们会依赖 IT 开发的经过充分测试和优化的 ETL 作业，将数据转换为统一的 schema 并加载到仓库中。任何数据质量问题都以相同的方式解决，所有数据都转换为一组通用的度量和表示。所有分析师都必须采用这种一刀切的方法。

现代自助服务分析则更灵活、更具探索性，尤其是对数据科学。分析人员可以利用数据仓库中更多可用的数据，甚至是原始数据，以合适的方式来准备特定的需求和用例。

IT 部门无法满足这种创建“适当用途”数据的需求。幸运的是，一系列称为数据预处理或数据整理的工具已经流行起来，分析人员可以更轻松地将原始数据转换为适合分析的格式，而无需深入复杂的技术。这些数据预处理工具为分析师提供了一个可视化的电子表格界面。以下 Bertrand Cariou 的短文描述了数据整理的不同用例，并描述了一种现代数据预处理工具 Trifacta 如何提供复杂的机器学习能力，试图根据用户的数据进行猜测和自动推荐数据处理方法。

数据湖数据整理

__Bertrand Cariou__ 是来自于 Trifacta 的营销高级总监，专注于为 Informatica 和其他一些美国和欧洲公司提供数据或数据访问服务。

术语“数据整理”通常用于描述业务专业人员（如业务分析师、数据分析师和数据科学家）为分析数据所做的初步准备工作。因此，数据整理可被认为是本书中曾提到过的“自助服务”的一部分。然而，我们也看到，为促进他们的工作以及改善与业务方的协作，数据工程师进行的数据整理越来越多。无论谁执行这些任务，数据整理都是为了帮助商业智能、统计建模工具、机器学习或业务系统将各种数据从原始格式转换为结构化和可消费格式的过程。通过机器学习提供的新工具，例如我公司 Trifacta 提供的工具，通过提出建议并与用户交互，来帮助数据预处理实现加速和自动化，以满足他们特定的数据驱动需求，从而大大减少数据整理的工作量。

用 Hadoop 来准备数据

数据预处理扮演承上启下的角色。其上游是数据存储和处理层，包含的工具有：Hadoop，Spark 和其他数据计算引擎等。其下游是可视化或统计应用。

如图 6-7 所示，数据整理发生在分析工作流的各个地方：

探索准备

数据湖中的数据整理通常发生在区内或区之间的数据移动过程中。用户可以访问原始数据和经过优化的数据，通过组合和构造这些数据以支持他们的探索性工作，或者定义他们希望的自动化、定期运行的新转换规则。

数据预处理也可用于轻量级的采集，通过引入外部数据源（例如，电子表格和关系数据）来丰富数据湖中已有的数据，以便进行探索和清洗。

加工

通常在产品区中进行整理，以将数据传递到业务分析层。这可以通过基于 SQL 的 BI 工具完成，也可以按文件的格式（例如，CSV，JSON 或 Tableau 数据提取格式）导出数据，以便将来在 Tableau、SAS 或 R 等分析工具中使用。

操作

除了转换数据的实际用处外，数据预处理工具还用于操作层。在操作层中，团队可以定期安排数据预处理工作并控制其执行。

需要记录解决方案中的所有数据访问、转换和交互，并使其可供数据治理工具使用，以便管理员可以了解数据的血缘。

数据预处理的常见案例

数据预处理工具的使用可以分为三个主要场景（及其变种），这些场景受益于业务团队或 IT 团队的自动化处理。以下是数据整理的三个常见例子和相应的 Trifacta 客户示例。

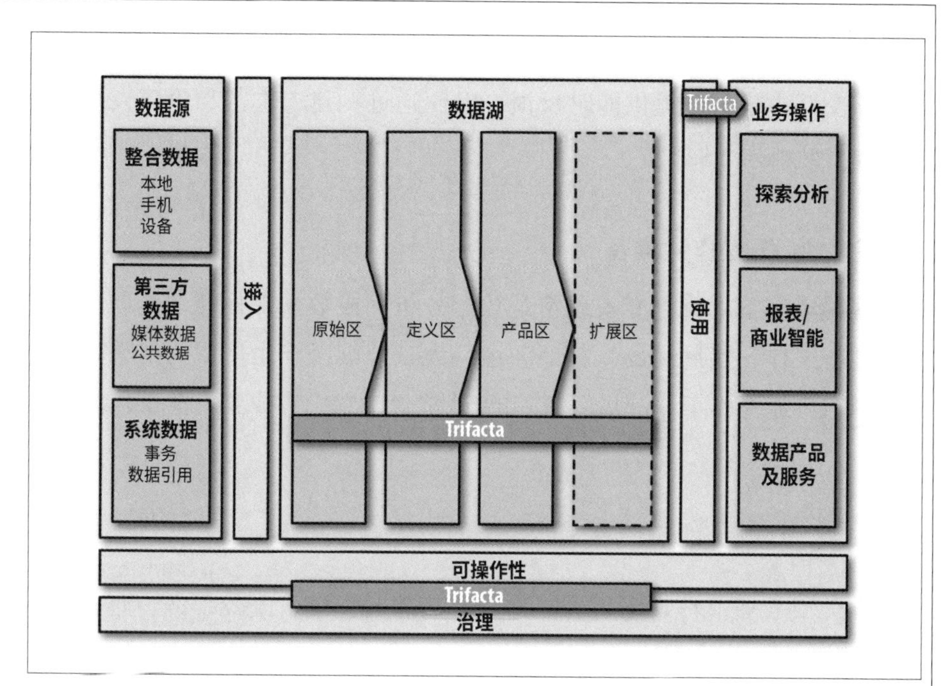

图 6-7：Trifacta 生态系统

用例：分析或业务应用的自助服务自动化

在这个场景中，由业务团队管理包括从最开始的数据采集到最终的数据消费整个过程，包括数据预处理过程。通常，他们的最终目标是创建用于合规检查的“主报表”或者聚合不同的数据。在这些活动中，IT 组织负责构建数据湖和采集数据，以便业务团队可以处理自己的数据需求并调度数据预处理任务，而无需 IT 人员参与。

客户示例

百事公司需要优化零售销售预测，需要将零售商销售点（POS）数据与内部交易信息结合起来。对于百事公司而言，主要挑战是每个零售商通过自动生成的报表或电子邮件附件提供数据，而数据的格式各不相同。有了 Trifacta，业务分析团队就拥有了将零售商数据采集到 PepsiCo 数据湖的所有权，可以探索和定义数据应如何转换，并可以按需执行作业或通过例行调度，向下游应用程序或流程提供可使用的结果。Trifacta 从用户的交互中学习，提供即时反馈，以便通过构建、丰富和验证大规模数据来更好地指导他们。

用例：为 IT 操作做准备

在这种情况下，数据专家通常是数据分析师或数据工程师，他们自己设计准备工作，然后测试、验证和运行大量规则以产生期望的结果。在终端用户创建操作工作流后，IT 团队通常会将它们集成到企业工作流系统中。

客户示例

一家大型欧洲银行需要从其网站中提取聊天记录，以改善客户服务，并分析产品和服务需求。该银行使用 Trifacta 将这些复杂格式转换为离散属性，以实现更广泛的 Customer 360 计划，该计划包含更多的数据通道。在这种情况下，团队为银行的 IT 组织提供了自建的数据整理规则，以便 IT 可以一致地组合各种数据流。

用例：探索性分析和机器学习

顾名思义，探索性分析使用数据来探索业务的各个方面，并在任意可能的现状下，使用数据预处理工具来探索数据、调查用例、查找相关的第三方数据、验证假设、发现数据中的模式，或为数据科学家建模生成数据集。

客户示例

成熟的市场分析提供商汇总并检查客户数据，为其客户提供分析结果，从而帮助这些客户衡量、预测和优化营销工作的效果。每个客户都有不同的数据源和格式。Trifacta 有助于加快发现和转换客户数据，从而创建结构化和纯净的数据集。例如，Trifacta 使用机器学习自动发现数据，在熟悉的网格界面中构建数据，识别可能无效的数据，并给出清理和转换数据的最佳方法建议。

分析和可视化

有大量优秀的数据可视化和分析自助服务工具。Tableau 和 Qlik 已存在多年，许多较小的厂商，如 Arcadia Data 和 AtScale，也提供了专门针对大数据环境的高质量、易用的功能。以下是关于 Donald Farmer 讨论商业智能的自助服务趋势的短文。

自助式商业智能的新世界

Donald Farmer 是 Qlik 的创新和设计副总裁。近 30 年来，他一直在推动数据战略的发展，在高级分析和创新战略方面进行技术开发、撰写论文以及国际演讲。

在过去几年中，业务用户与 IT 的关系已经有很大改变。正如许多人最近所做的那样，随着 iPhone 和 iPad 以及众所周知的“自带设备”现象的出现，这种变化开始了。这通常被简称为 BYOD，是一种战略响应或策略调整，用户现在可以轻松获取比 IT 能提供的更好的技术和更快的升级。这一新的特性也体现在数据分析领域。与“自带设备”相比，业务分析师已经接受了自助式商业智能。分析公司 Gartner 指出，通过自助服务，用户可以构建自己的解决方案，甚至可以选择自己的工具，“无论是否经过 IT 许可”。

过去，IT 部门必须为企业提供报表基础架构、仪表盘和分析功能。只有 IT 团队才能部署所需的昂贵的存储和计算能力。只有 IT 了解提取和整合数据或构建分析模型所涉及的技术问题。而且更重要的是，只有这样才能确保数据和分析结果的安全，以确保合适的人获取合适的数据。BI 的工作流程遵循经典的生命周期模型：收集需求，构建解决方案，将其部署到生产中，并开始另一轮需求收集。

事实上，这个以 IT 为主导的模型总是存在潜在的缺陷。由于开发人员难以快速应用这个流程以适应日益变化的业务，财务和营销部门的分析师仅仅使用 Excel 作为一个足够好的工具。他们经常从报告中导出数据以便进一步分析。有时他们可以访问源数据。Excel 很有效，但并不强大。它缺乏安全性，再加上业务用户的习惯，导致糟糕的分析甚至机密数据在组织中蔓延。

自助式 BI 工具不仅解决了这个缺陷，而且成为企业分析的主流。从 2000 年代中期开始，随着 64 位计算成为标准，QlikView、Tableau 和 Microsoft 的 PowerPivot 等应用程序为业务用户带来了强大的分析功能。这些工具将 ETL 的生命周期和数据构建模型集成到一个简单的环境中。他们使用优雅的视觉效果，让用户能够轻松有效地找到模型、交流见解。使用内存存储和压缩，同样的工具带来更大的数据容量和计算能力，以前只有在经过精心管理的服务器机房才可用。有了这种能力（正如前面所说）就有了很大的责任，不过精心设计的自助服务应用程序也能提供这方面的帮助。

业务用户权力的转变带来了许多变化，特别是分析工作流以及 IT 的角色。

新的分析工作流

正如已经指出的，分析应用和报表的工作流程是典型应用程序生命周期的演进：需求、设计、部署和新需求。然而，有了自助服务，业务分析师了解自己的需求并开发自己的解决方案，这个过程似乎有点随意。需求可能随时更改。对前端设计的调整（例如，向图表添加新元素）会改变数据提取的过程。分析师可以部署和共享一个半成品解决方案，以便可以快速分析。

我发现，将敏捷的即席流程想象为一个生命周期，而不应将其想象为一个供应链，将数据作为原材料流经许多流程，并在每个步骤中添加价值。供应链的巨大优势在于，有时可以合并步骤以提高效率。例如，当食物从农场到餐桌时，批发商不仅可以转售，还可以清洗和选择一些蔬菜。类似地，供应链的每个步骤可以简单操作（从农场到市场的运输）或者可以在其发生时增加价值，例如按大小或质量等级进行分类。

在以数据为原材料的业务分析供应链中，业务用户可以从任何可用的地方获取数据。自助服务工具通常提供简单的指南、脚本或可视化环境，以便查看、加入、合并或清理数据。这个阶段通常被称为数据融合，或者更为直接的被称为数据整理。在传统的 ETL 流程中，进行任何分析工作之前，首先需要将数据源加载数据仓库模型。但是数据融合与此不同，融合和整理可能发生在分析过程之前、期间或（使用分析型应用程序作为源）之后。

对于使用自助服务工具的业务分析师来说，融合数据是一个分析过程。由于可视化地看到了初步结果，他们会在分析时更好地理解数据。然后，他们修改脚本或数据节点，以便以不同方式查看数据，或者实现更好的可视化。请注意这里的重要区别。在传统的数据仓库生命周期中，ETL 会产出模型，然后驱动分析。该模型可以是星形模型或需要专业设计和工程技能的复杂 OLAP 模型。在自助服务供应链中，模型仍然存在，但用户可能甚至都无感知。通常，业务分析师不是专业建模者。

当业务分析师使用数据湖时，这种新方法的灵活性特别有用。在传统模型中，由于源数据复杂且存储成本高昂，数据通常通过非常复杂的处理转换过程，从而使其既能有效存储又能被高效查询。例如，ETL 和 OLAP，这需要大量技能。

与此不同的是，数据湖可以轻松存储大量数据。通过 schema-on-read 的灵活性，无需在单个数据仓库中对所有方案进行建模。只要数据能够以有效的语义（他们永远不需要编写 MapReduce）和合理的性能呈现给业务分析师，他们就可以使用数据湖和自助服务工具。

门卫向店主的角色转变

在这一点上，我们应该考虑 IT 的作用。重要的是，IT 可能仍会为关键任务赋能。企业数据仓库仍将与我们一起开发企业年度财务报表、税务和人力资源分析。在未来几年内，IT 仍需要 OLAP 和 ETL 技能，当然也需要 MapReduce 技能！

当然，IT 在分析场景中发挥着重要作用。至少，IT 会尽可能地让网络、存储和数据源等保持健康。但是，他们的作用远不止于此。

在过去，正如我们所看到的，IT 团队提供了分析的整个生命周期，因为他们是唯一能够提供这项能力的人。此外，他们还维护了按需提供数据访问的系统。由于 IT 部门非常认真地执行“门卫”这一角色，以至于业务分析师会因为访问基础数据受到限制而感到失望。

对 IT“门卫”的失望导致了职业对立，而且经常出现本应避免的非托管数据共享的问题。因此电子报表经常被滥用，因为它们是分析师唯一可以使用的、不受 IT 管控的工具。

通过自助服务，我们需要一种新的方法。IT 团队必须从“门卫”转变为“店主”。

“门卫”关心的是让有问题的人出去。“店主”则会聘请合适的人参与、准备、陈列和采购商店的商品，以让商品更好地流转。在 IT 方面，数据获取团队可以构建供业务用户自助服务的原型和模型。需要将数据提供给用户，而不是向用户提供源系统的访问权限。应该根据需要为用户提供、清理、整合甚至加密数据，以进行有效的分析和良好的治理。IT 不需要为特定用例准备每个源，而是由业务分析师使用数据供应链上的工具自助提供这些解决方案。

管理自助服务

在这种供应链模型中，IT 团队充当“店主”，他们仍然在保护和管理数据方面发挥着重要作用。他们可以做的最重要的事情之一是为用户提供精心设计的自助服务工具。

设计良好的企业级自助服务应用不仅为业务用户提供了功能强大、简单的工具，而且还给在云端或自建服务提供功能强大的服务器架构，这使得 IT 能够洞察和监管系统。

IT 的监督包括管理部署、用户权限、服务器性能和可扩展性。设计良好的自助服务应用提供的能力包括知道分析师正在使用哪些数据源，他们与谁共享工作成果和可视化报表，以及如何准备和刷新数据。

请记住，IT 仍然进行关键任务的分析，例如财务报告。他们仍然是关键业务的门卫。但是，业务分析的大部分工作都可以通过更简单的方式来处理，不仅更敏捷灵活，而且对其他业务也更友好，并且仍然是安全的和受管理的。

小结

如果利用数据做出更好的决策是现代企业成功的关键，那么 IT 构建的僵硬的分析和数据仓库的旧实践已无法满足需求。利用数据做出更好决策的唯一可行方法是使分析师能够自助进行分析，而不必让 IT 参与每个项目（这会导致 IT 成为瓶颈并减慢响应速度）。正如在本章中所提到的，新一代分析和数据基础架构工具已经出现，从数据可视化工具到数据预处理工具再到数据目录，它们使分析师可以在无需 IT 帮助的情况下处理数据。数据湖已经可以提供搜索、血缘以及信任建立等相关能力，为所有用户提供服务。

第7章

数据湖架构

有许多方法可以用于组织数据湖中的数据。在本章中，我们将首先介绍如何将数据湖划分成不同的区，接着比较自建数据湖和云上数据湖的差异，最后讨论虚拟数据湖。虚拟数据湖在提供同等功能的情况下，可以最大限度地减少资源的使用以及维护的开销。

规划数据湖

一旦建立了数据湖，就需要提供一种方式让分析师查找和理解其中包含的数据。这是一项艰难的工作，因为大多数企业中的数据都极其丰富。曾有一家大型零售商告诉我，他们的数据湖中包含超过30000个数据源，其中每一个都有成百上千张表。即使分析师找到了正确的数据集，他们也需要知道这些数据是否可信。最后，为了让用户能够自由地访问其中的数据，必须对其中的敏感数据进行识别和保护，以免无意泄密。所有这些任务都属于数据治理的范畴。

在过去的数据仓库时代，数据治理是由数据管理员、数据架构师和数据工程师组成的大型团队完成的。数据变更必须经过仔细地检查和审批。数据质量、数据访问、敏感数据管理以及数据治理的其他方面都经过仔细地考虑和管理。

但是在自助服务时代，这种方法没法扩展到更大规模。事实上，数据科学的探索性和敏捷性与传统数据治理自上而下、谨慎的风格是冲突的。

为了加快数据的使用，企业已经开始使用 Gartner 定义的双模数据治理概念："双模是管理两种独立但风格一致的工作的实践：一种侧重于可预测性；另一种侧重于探索。"为了使用这种双模方法，数据湖通常被划分为多个不同治理程度的区。在本节中，我们将介绍分区组织数据湖的最佳实践，帮助用户了解数据的治理级别以及敏感数据的保护。

图 7-1 反映了一个很常见的数据湖集群架构。来自外部源的数据首先被加载到原始区，数据在该区中按其出处（例如，时间和来源）分目录存放，无需进一步处理。在需要的时候，这些数据可能被清洗、整理和聚合后复制到产品区；可能被复制到工作区用于运行项目；也可能被加密后保存到敏感区。

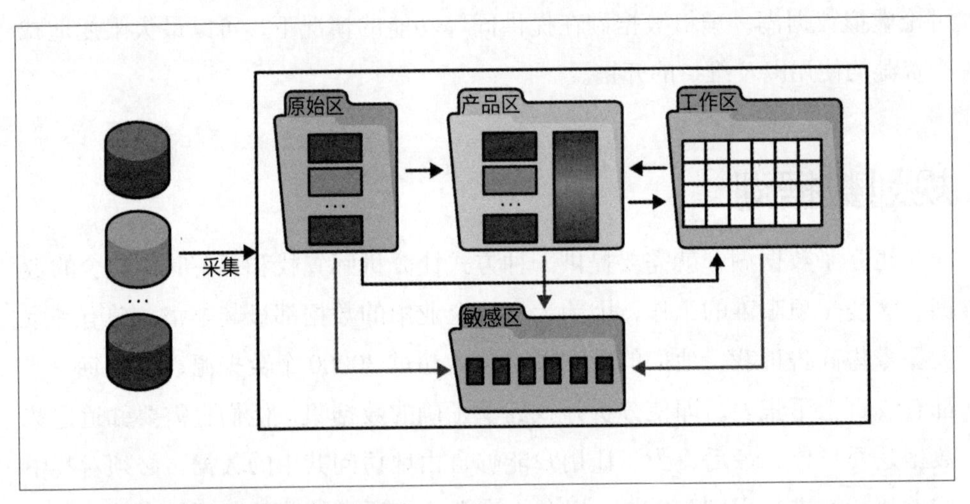

图 7-1：将数据湖按工作区划分的示例

如图 7-2 所示，不同的用户通常使用数据湖的不同区。

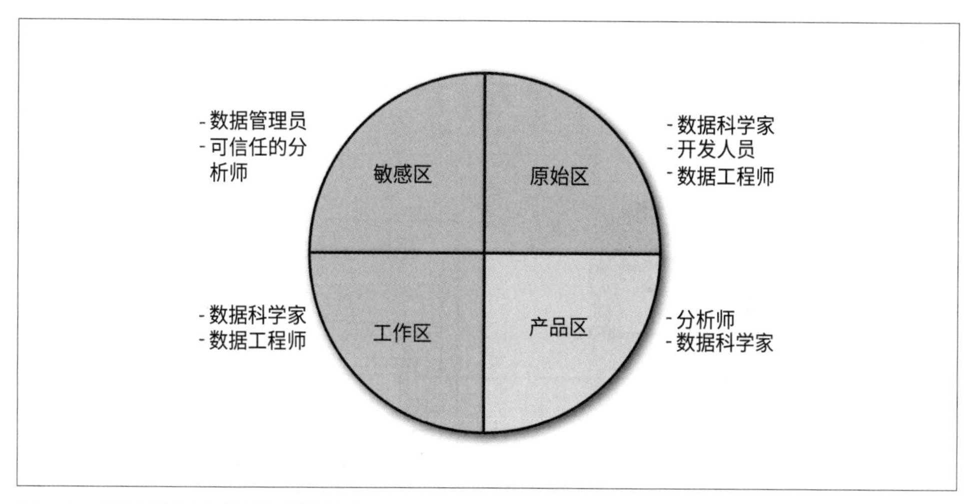

图 7-2：不同的用户使用不同的区

原始区

原始区有时也被称为临时区，它用于存储采集的原始数据。为了区分数据的来源，IT 团队通常将数据按其来源命名。例如，所有采集的原始数据通常保存在同一个文件夹中（例如 */landing*）。在该文件夹中，通常每个来源都对应一个子文件夹（例如 */landing/edw* 或 */landing/twitter*）。在这些子文件夹中，每个表（或其他分类单元）都对应一个下一级子文件夹（例如 */landing/edw/customer_dimension* 或 */landing/twitter/mybrand1*）。

如果需要周期性地保存表，则可以在每次加载新数据时创建分区（例如，2019 年 1 月 1 日加载的数据被保存成文件 */Landing/EDW/Customer_dimension/20190101.csv* 或 */Landing/Twitter/Mybrand1/20190101.json*）。为了避免单个文件夹中的文件数过多，可以创建更详细的文件夹树，例如为每年的每个月创建一个文件夹，在该文件夹下保存该月所有分区的文件（例如，

/Landing/EDW/Customer_dimension/2019/01/20190101 .csv 或 */Landing/Twitter/Mybrand1/2019/01/20190101.json*）。图 7-3 展示了典型的文件夹层次结构。

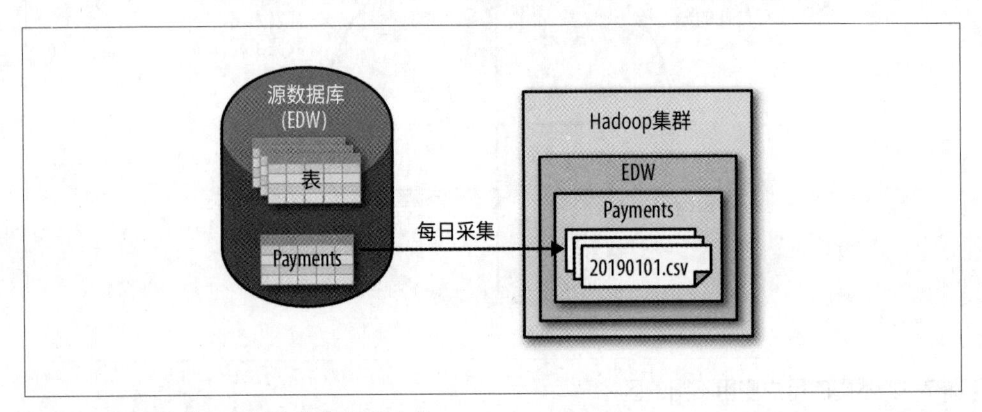

图 7-3：将原始数据划分为文件夹和文件

通常，只有训练有素的开发人员、数据工程师和数据科学家才能访问原始区。一般来说，原始区的用户必须有充足的理由才能进行数据处理。

分析师通常需要更干净的数据，因此会使用产品区的数据。接着我们来介绍产品区。

产品区

产品区的数据通常是原始区的镜像，但会经过清洗、补全和其他处理。这个区有时被称为 *prod*，表示它所包含的数据随时可投产；有时被称为 *cleansed*，表示数据已通过数据质量工具及 / 或治理程序处理，解决了数据质量问题，这在第 2 章中有说明。准备供产品使用的数据通常与创建数据仓库数据的 ETL 作业类似，数据被统一并标准化为符合要求的维度或事实表，例如客户或产品列表。这些操作可能涉及将名字、中间名和姓氏转换为包含完整姓名的单个字段，将千克转换为磅，将本地编码更改为通用编码，连接和聚合数据集。或者涉及执行更复杂的清洗过程，如地址验证，从其他来源填充丢失的信息，解决不同来源数据的冲突，检测和替换非法值等。这通常使用自定义脚本或专门的数据准备、数据质量或 ETL 工具来完成。交易数据通常也会被清洗和汇总，例如交易可能会被汇总为每日总计。但是，与数据仓库不同，数据湖中同一数据可能有许多版本，被不同的分析模型使用，需要进行不同的处理。与原始区一样，产品区中通常每个来源对应一个文件夹（例如 */gold/edw* 或 */gold/twitter*），其中每个文件夹又包含表示表或其他分类单元的子文件夹（例如 */gold/edw/customer_dimension* 或 */gold/twitter/mybrand1*）。

如果存在汇总或派生的文件，这些文件也将被放在子文件夹中（例如，*/gold/edw/daily_sales_by_customer* 或 */gold/twitter/brandtwittersummary*）。

然后，和原始区类似，文件夹可以进一步按日期细分。图 7-4 展示了一些创建产品区的处理过程。

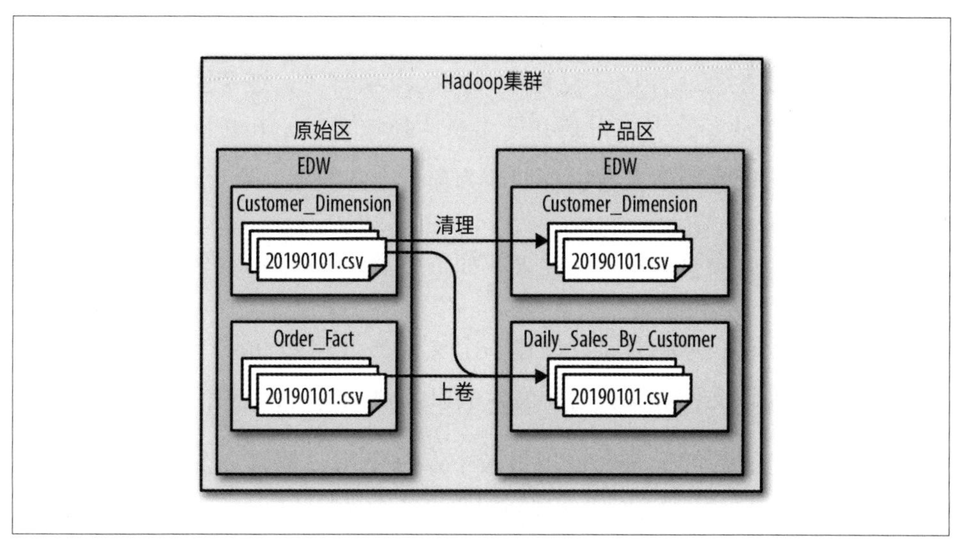

图 7-4：将产品区划分为文件夹和文件

这通常是使用最多的区，大多数非开发人员只能访问这个区。开发人员和数据科学家也更喜欢使用清洗过的数据以避免额外的工作，除非有特殊的原因需要自己进行清理。

为了让用户能更方便地访问产品区的数据，IT 人员通常会引入 Hive、Impala、Drill 或其他类 SQL 的访问工具。类 SQL 的访问能力使得产品区自然而然地成为了大多数报告和BI分析的起点，因为即使对SQL不熟悉的分析师也可以使用标准的BI工具，通过Hive或其他SQL接口来访问Hadoop文件。

产品区通常由IT部门管理而不是用户自己，而且其文档化也是做得最好的，比如目录结构、命名规范或HCatalog等。其中HCatalog是围绕Hive元存储开发的数据字典，正被越来越多的其他项目使用。

数据通常直接从产品区读取，但如果需要进行更改，则会先将其复制到工作区。更改后的结果如果需要分享给更广泛的受众，或者需要被产品化后进一步处理，则会被复制回产品区，并进行产品级的处理来确保数据及时更新。

工作区

大多数分析都发生在工作区，也称为开发区或项目区。这个区域的结构通常反映企业的组织结构。它通常是开发人员、数据科学家和数据工程师的工作场所，尽管分析师也经常在其中自助地为项目准备数据。

工作区通常组织为项目和用户文件夹，如下所示：

- 通常在根目录下为每个项目创建一个文件夹（例如 */projects/customer_churn*），而该文件夹又包含子文件夹以反映项目的详细信息。
- 用户文件夹通常位于某个公用目录中，每个用户都有一个文件夹（例如 */users/fjones112*），它为每个用户提供一个私有空间。

这些项目文件夹和个人文件夹中保存了工作的中间结果和最终结果。这通常是数据湖中文档化最不足的区。然而它通常也是数据湖中最大的区，因为数据科学项目本质上是探索性的，经常需要进行大量的实验。一个典型的数据科学项目在产出一个好的模型或完全放弃之前，往往需要创建数百个实验文件。

敏感区

有时会创建一个敏感区来防止未经授权的用户看到数据，无论是出于监管要求还是业务需求。通常，只有数据管理人员和其他授权人员才能访问敏感区中的数据。例如，HR 人员可以访问员工数据，财务人员可以访问财务数据等。这通常通过结合使用基于标记的策略以及活动目录组（Active Directory groups）来实现（我们将在接下来的第 8 章和第 9 章进一步讨论访问管理）。

敏感区可以包含显式加密的数据，或者脱敏后的数据，第 9 章会对此进行更详细的描述。构建敏感区有几种最佳实践：

- 在产品区中保存敏感区每个文件的加密副本以及敏感字段修改（删除或加密）后的非加密副本。但是字段被修改后，可能使得不同数据集无法进行连接。例如，假设 `Tax_ID` 是员工和家属这两个数据集之间的连接键，简单地删除它就会使得这两个数据集无法进行连接。有许多不同的加密技术可以在保护数据的同时保留这种连接能力，更多的信息请参考第 9 章。
- 仅根据需要明确地、临时地提供对加密文件的访问。
- 如果分析需要用到敏感数据，则可以对数据进行匿名化处理，这个过程被称为脱敏，接下来我们详细讨论。

脱敏

脱敏是用伪造数据替换敏感数据的过程，这种方法保留了原始数据的属性。例如，为了保护个人身份，可以将某个西班牙裔女性的名字替换成其他西班牙裔女性的名字，但是如果需要，数据科学家仍然可以从名字中推断出缺失的性别和种族信息。

类似地，如果需要进行地理分析，则可以将真实地址替换为距离其特定范围内的随机有效地址。这个过程有时这会变得很复杂，例如对于人口密集的地区，我们可以通过使用任何地址（例如，真实地点的10英里范围内）来实现匿名化，但对于人口稀少的地区，可能只有少数人居住在10英里范围内半径。为了解决这个问题，可以使用群组的概念，通过地理邻近度或地理类型（取决于正在进行的分析的类型，例如农田、郊区或国家公园）来识别具有统计意义的人口单位，从而在群组覆盖的整个区域内随机分配地址。

脱敏的另一个难点是保持一致性。在所有文件中，相同的值通常必须被替换为相同的值，这样在处理过程中才可以进行连接（例如，这样才能在多个文件中识别同一个客户）。这增加了复杂性，因为系统必须维护实际值到随机生成值的映射。此外，脱敏也是很危险的，因为一个字母的拼写错误很可能会导致生成两个完全不同的值。最后，它也很容易受到攻击，因为如果入侵者获得了脱敏软件的访问权限，他们可以通过运行一个常见的姓名列表，来得到这张映射表，从而破解所有文件。

另一个需要考虑的因素是，对于某些类型的文件，识别敏感数据可能会非常困难。例如，电子健康记录（EMR）是一个XML文件，最多可包含60 000个元素。很难通过查看所有元素来找到潜在的敏感数据，进而重新生成文件以屏蔽或脱敏。在这种情况下，公司通常会发现只在敏感区中保存加密值更容易。

多数据湖

正如我们所看到的，企业构建数据湖的原因多种多样。有些是从业务或项目团队创建的单项目数据水坑开始，逐渐发展为数据湖。有些是从IT人员进行ETL迁移项目开始，在此过程中获取其他的用户和分析用例。其他的则是由IT和分析团队共同设计的集中式数据湖。还有一些是在云上创建的shadow IT，供那些不愿等待官方IT团队的业务团队使用。

不管它们的起源如何，大多数企业最终都拥有多个数据湖。那么问题就变为：

这些数据湖是应该合并成一个还是保持独立？和大多数事情一样，这两种方法各有利弊。

保持各数据湖独立的优势

保持各数据湖独立往往是出于历史和组织原因，而不是技术。典型的原因包括：

监管限制

在受监管行业，监管限制通常禁止合并或混合来自不同来源或地区的个人数据。例如，欧盟有非常严格的数据隐私指导原则，每个国家都有不同的实施方法。医疗机构通常也有非常严格的数据共享原则。

组织壁垒

有时，出于预算和控制权的原因共享数据存在组织壁垒。想要为一个共同的数据湖融资，并在目标和需求相差甚远的业务部门之间统一技术和标准，可能会是一个无法克服的挑战。

可预测性

将具有高产出价值的数据湖与用于特殊探索性用途（如数据科学实验）的数据湖分开，有助于确保前者的可预测性能和响应时间。

合并多数据湖的优势

如果你不受上一节中提到的各种法规或业务需求的制约，那么应该尽量要求组织使用单个大型数据湖。这有几个原因：

优化资源使用

如果你创建了一个拥有200个节点的数据湖，而不是两个各有100个节点的数据湖，那么你可能可以获得更短的响应时间。例如，假设在之前含100节点的数据湖上运行一个作业需要10分钟，那么理论上，现在在含200节点的新数据湖上运行一个作业只需要5分钟。实际上，集群通常使用一部分节点来并行执行多个作业，因此对于利用率高的集群，平均性能可能基本保持不变，因为现在有两倍的作业在竞争两倍的节点。然而，你能够将所有 200 个节点用于关键的、时间敏感的作业。如果不同的数据湖有不同的、不重叠的使用模式（例如，一个在美国的工作时间使用最多，而另一个在印度的工作时间使用最多），或者用户只是零星地使用数据湖，那么合并数据湖将会带来很多性能优势。

管理和运营成本

当数据湖的体量增加到两倍时，通常不需要投入两倍的管理成本。当然，同一个团队可以管理多个数据湖，但是如果多数据湖是因为组织和控制权的原因而存在的，那么每个组织都倾向于让自己团队的员工来管理数据湖，以便于控制。这种重复性的投入就增加了成本。

减少数据冗余

由于这两个数据湖属于同一个企业，所以很可能这两个数据湖都包含相当多的冗余数据。通过合并，可以消除冗余并减少存储的数据量。数据冗余还意味着采集冗余，即从同一个源中多次提取和采集相同的数据。因此通过整合，可以降低数据源和网络的负载。

重用

合并数据湖使企业更容易将一个项目完成的工作重新用于其他项目。这包括脚本、代码、模型、数据集、分析结果以及可以在数据湖中生成的任何其他内容。

企业项目

有些团队的工作内容涉及整个企业，可能需要来自不同组织的数据。如果拥有一个集中的数据湖，这些项目将大大受益，无须合并来自多个湖的数据。

云上数据湖

在过去的十年里，云技术的发展势不可挡。现在许多新应用都使用软件即服务（SaaS）的托管模式交付。像 Amazon、微软和 Google 这样的顶级云厂商正在以惊人的速度发展（Amazon 现在从云产品中获得的收益超过了电商），其他厂商也在积极尝试进入这个领域。既然云技术发展得如此之好，很自然地会想到它是否也适用于数据湖。实际上，这确实是个不错的选择。

云上数据湖有很多优势。其中之一是会有其他人负责创建和维护基础设施，因此你不必专门雇用专家。会有人帮你管理计算机基础设施，并持续更新。此外，云上数据湖还提供了不同支持级别和成本的多种选项，你可以根据需要进行选择。如果发现选择的方案不太合适，你可以在不涉及人员变动的情况下更改计划。

云的另一个最重要的优点是资源（包括计算和存储）都是按需提供的，你可以根据需要创建和使用计算能力，这被称为弹性计算。此外，云厂商还提供了多种具有不同价位和性能特点的存储，可以按需在不同类别的存储之间无缝地迁移数据。为了帮助你了解这些技术为数据湖带来的优势，让我们来比较下自建数据湖与云上数据湖的差别。

在自建数据湖中，存储和计算能力都是固定的，由节点数量决定，如图 7-5 所示。

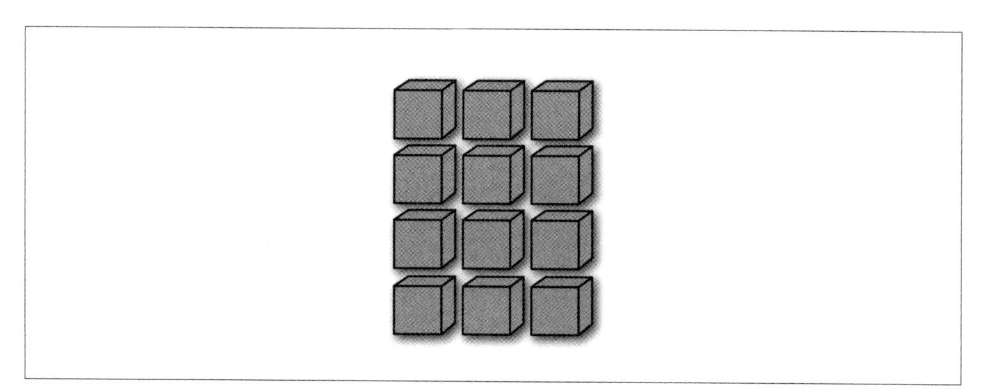

图 7-5：自建的、大小固定的 Hadoop 集群

尽管存在解耦存储和计算资源的方法，但其计算能力有明显的上限，而且还需要花费成本来存储那些可能很快就不会再被用到的数据，为了实现容错这些数据还可能需要存储双份甚至三份。

作为比较，让我们来看下使用当今最流行的云平台 Amazon Web Services（AWS）构建的数据湖。Amazon 提供了很多产品，比如简单存储服务（S3）提供了可扩展对象存储能力，弹性计算云（EC2）提供了可扩展的计算资源，弹性 MapReduce（EMR）可以在按需分配的资源上运行作业（见图 7-6）。

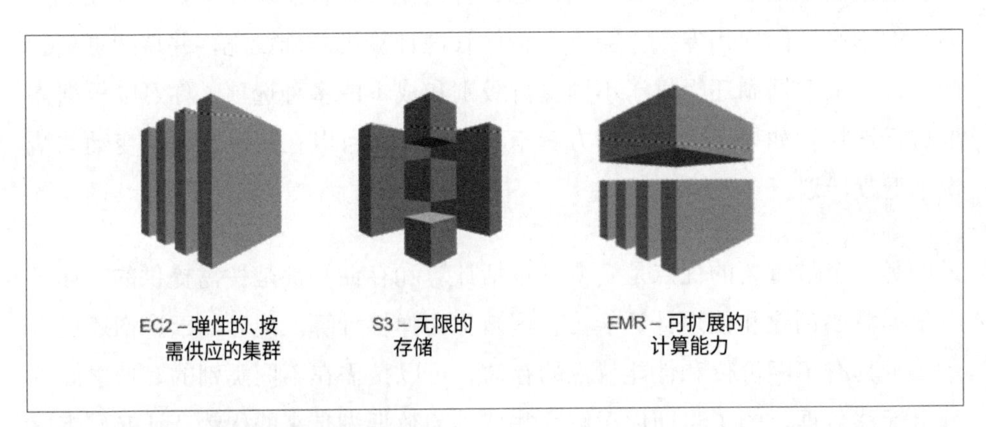

图 7-6：Amazon 的弹性云数据湖产品

与自建数据湖不同，云上数据湖提供了几乎无限空间及非常便宜的 S3 存储。考虑到你保存的数据可能暂时甚至永远都不会被用到，因此降低存储成本是非常重要的。此外，数据湖的计算资源不受集群中节点数量的限制。

使用了 EC2，你可以锁定任意大小的集群来运行你的作业，并且只按你实际使用的时间来收费。例如，假设你构建了一个 100 个节点的自建集群，需要花大约 2 小时来运行一个特定的作业。如果该作业每天都要运行，并且其他时间集群负载很小，那么这些节点每天将闲置接近 22 小时。而如果使用了 EC2，你就可以动态锁定 100 个节点的集群，运行 2 个小时然后释放，只需为它运行的这段时间付费。

此外，支付相同的价格，你还可以锁定一个 1000 节点的集群，在 12 分钟内就可以运行完这个作业（假设它是线性扩展的）。这就是弹性计算的优点，所有主要的云厂商都提供了这个能力。当需要计算资源时，你可以创建计算资源并支付费用，这样你就可以动态地创建大型集群来执行非常复杂的作业，而无需为这个大型集群永久付费。

尽管如此，有些情况下，云上数据湖可能并不是最合适的解决方案：

- 出于监管原因，并非所有数据都允许上云使用。
- 将数据上传到云上数据湖可能存在困难。为此，很多公司通常需要将磁盘或磁带提供给云厂商，让后者在本地加载初始数据，然后使用网络进行增量上传。
- 云上数据湖易受网络中断和互联网厂商故障的影响。因此，在需要 100% 可用性的情况下（例如医院中的医疗设备或工厂的工业控制），使用云上数据湖可能过于冒险。虽然大多数用于分析的历史数据可能不需要如此高的服务质量保证，但有些数据湖支持实时数据流，可能同时被用于实时和历史分析。
- 使用固定的云计算资源来计算大量数据的成本可能过高。对于只需要短暂使用一定数量计算节点的情况，云计算的成本更有竞争力，这些计算节点可以在不需要时缩减。虽然大多数数据湖使用场景很需要这类弹性能力，但是如果你的计算需求更为稳定，那么云可能不是最佳选择。

虚拟数据湖

另一种已经取得进展的方法是创建一个虚拟数据湖。换句话说，与其让多个数据湖并存或者将它们合并，为什么不将它们视为一个单一的数据湖，同时独立管理各自的架构细节呢？有两种方法可以实现这一点：数据联邦和企业目录。

数据联邦

数据联邦至少已经存在 20 年。20 世纪 90 年代初，IBM 推出了 DataJoiner 产品，它创建了一个“虚拟”数据库，其表格实际上是位于多个数据库物理表的视图。DataJoiner 的用户会基于这些虚拟表写 SQL 来进行查询，DataJoiner 将其转换为对不同数据库的查询，然后将结果合并并呈现给用户，如图 7-7 所示[注1]。

注 1：更多细节可以参考 Piyush Gupta 和 E. T. Lin 的论文“DataJoiner: A Practical Approach to Multidatabase Access”。

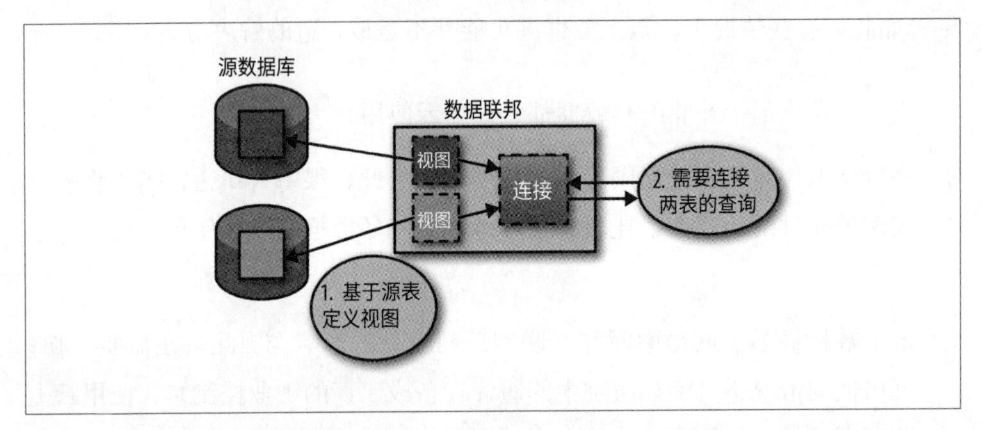

图 7-7：虚拟数据库的典型示例

DataJoiner 最终演变成了 IBM InfoSphere Federation Server，并适配 Denodo、Tibco Composite、Informatica 等公司的产品。这些数据联邦产品的现代版本支持 RESTful 接口，可以与应用程序、文件系统以及数据库交互。然而从本质上讲，它们都旨在创建一个虚拟数据库，该数据库可以从不同的系统中获取数据并使其看起来如同在操作同一个系统。

将这项技术应用于数据湖有几项重大挑战。最大的挑战是，你必须手动配置每个虚拟表，并将其映射到物理数据集（无论是文件还是表）。在一个已经有数百万个文件的数据湖中，这根本不现实。还有一个传统的分布式连接问题：组合或连接来自不同物理系统的大型数据集需要非常复杂的查询优化，并且会消耗大量的内存和计算能力。最后还有 schema 维护问题，当 schema 更改时还必须同时更新虚拟表。由于 schema 仅在读取数据时使用（即所谓的"schema on read"），因此 schema 更改后用户可能一直不知道，直到发现查询失败。即便到那时，用户可能仍然不清楚失败的原因是 schema 更改、数据问题、人为错误还是这些原因的某种组合。

大数据虚拟化

为了应对数据在容量和形式上的大量增长，数据湖出现了。类似地，为了应对企业中的大容量、多形式的数据，大数据虚拟化技术出现了，它应用了

schema on read、模块化和防过时（future-proofing）这些大数据原则，创建了一种新的数据虚拟化方法。新方法的核心是一个虚拟文件系统，它将物理数据源表示为虚拟文件夹，将物理数据集表示为虚拟数据集。如本章前面所述，这种方法反映了如何在数据湖中划分分区。这种虚拟化技术允许数据保留在其原始数据源中，同时向其他业务方公开。

因为虚拟文件系统可能非常庞大，大到包含数百万个数据集，所以需要一种搜索机制来对它们进行查找和探索。这个角色通常由数据目录扮演，它列举了企业中包括数据湖在内的所有数据，通常只保存元数据（描述数据的信息），用户可以通过它快速找到所需的数据集。一旦找到数据集，就可以通过将它复制到用户项目区或就地授权，向用户提供访问。图 7-8 说明了这个过程。

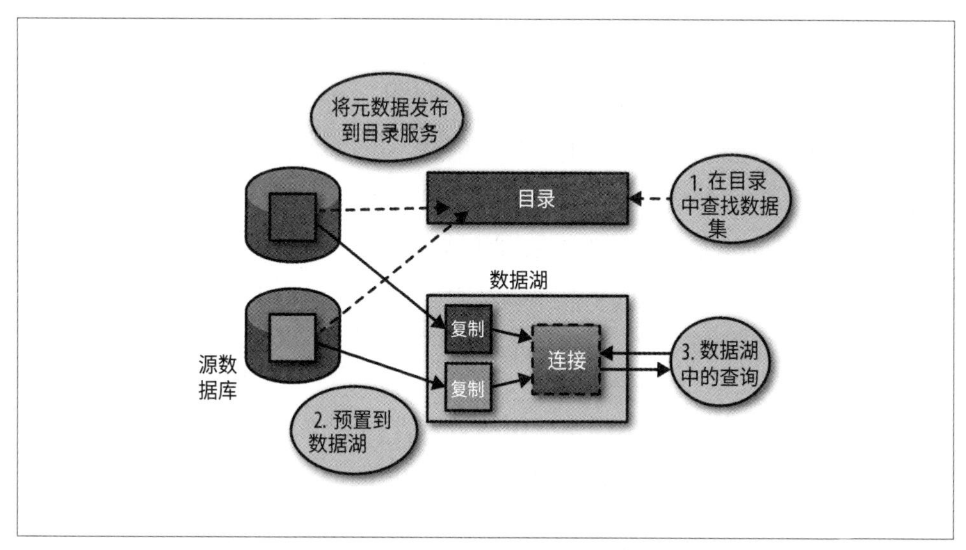

图 7-8：虚拟数据湖

因为图 7-8 中的两个表都被复制到了同一个物理系统，所以连接是本地进行的，这更容易实现，执行速度也更快。数据提供过程中可能涉及审批流程，需要用户指明授权的有效期以及业务理由。请求由数据所有者审查和批准，然后相关数据将被复制。最后，通过使用 ETL 工具、客户脚本或诸如 Sqoop 之类的开源工具来不断更新数据副本。这些脚本或工具会连接到关系数据库，执行用户指定的 SQL 查询，然后将结果保存成一个 HDFS 文件。

因为目录是在数据湖中查找和提供数据的主要接口，所以它可以作为构建虚拟数据湖的非常优雅的解决方案。当用户寻找数据集时，数据集的物理位置对他们来说并不重要，因为所有数据集看起来都是类似的，查找方式也完全相同。可以提供智能资源调配系统，如果用户希望在工具中使用数据集，则可以就地提供（即直接在工具中打开），而如果需要与其他数据集连接或被修改，则可以将其透明地复制到物理数据湖，并在那里进行访问。

消除冗余

物理数据湖的两个挑战是完整性和冗余性。如图 7-9 所示，只有将企业中的所有数据加载到数据湖中，才能保证完整性。但是，这会导致大量冗余，因为现在所有数据至少会存储在两个地方。虽然有人可能会说，传统的数据仓库也包含与业务系统相同的数据，但这种两种情况有所不同，因为数据在被加载到数据仓库之前通常会经过转换。这种转换操作包括 schema 统一、数据逆规范化，以及与来自其他系统的数据整合。所以，虽然它们几乎是相同的数据，但结构却非常不同，目的也不同。另一方面，在数据湖中，如果我们使用平滑导入，那么原始区的数据通常是源数据的精确副本，是完全冗余的。我们最终会保留同一数据的多个精确副本，不管是否有人使用它，并继续为保持这些副本的即时更新而支付开销。

虚拟数据湖有助于缓解这一问题，因为只有在特定项目需要时才会将数据引入数据湖。换句话说，虚拟数据湖只保留了数据的一个副本（在原始源中），除非有人需要在数据湖中使用它。一旦项目结束，数据不再使用，就可以安全地将其删除以节省存储。或者至少，我们可以停止更新副本，直到有人需要才继续更新它（见图 7-10）。使用这个模型，大多数经常使用的数据将出现在数据湖中并得到很好的维护，只有很少使用或从未使用过的数据才不会出现在湖中。对于非常大的文件，在第一次加载或长时间不用后再次更新它们时，可能会存在延迟，但收益是不必为处理所有不使用的数据耗费计算和存储资源。

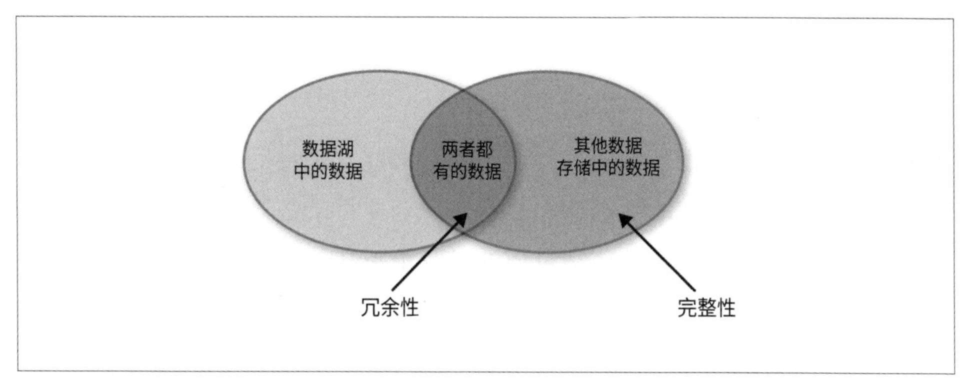

图 7-9：数据湖引起的矛盾

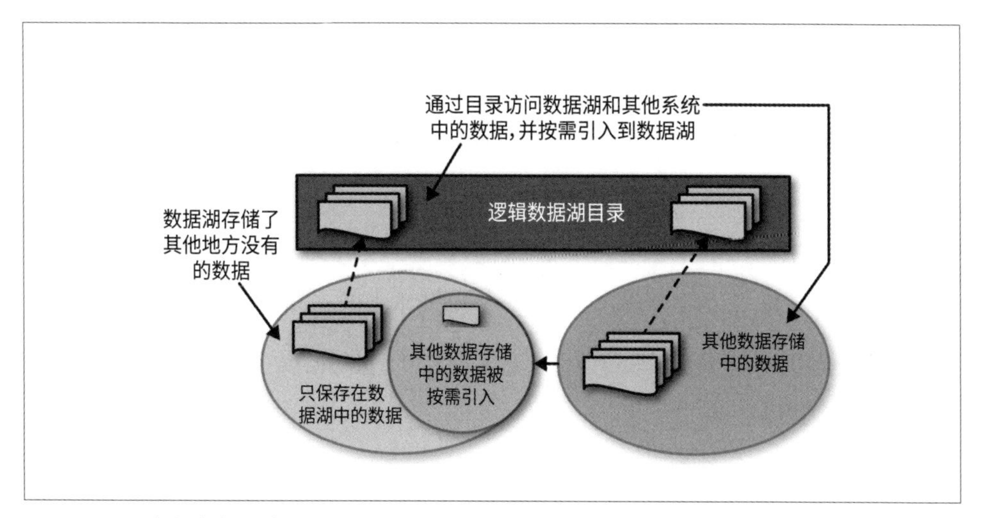

图 7-10：用虚拟数据湖来解决一致性和冗余的矛盾

此外，不仅数据湖中的数据存在冗余。在过去的 15 年中，数据集市和其他项目专用的数据库数量也在激增。典型的数据密集型项目一般首先会配置数据库服务器，然后从其他系统加载数据，再对数据做少量添加或修改，最后通过不断地加载来保持数据更新。有些企业拥有数千甚至数百万个这样的数据库。例如，我曾与一家拥有 5000 名员工的小银行合作过，它有 13000 个数据库。运行所有这些数据库都需要成本，包括硬件和软件成本、管理成本、备份成本等。更糟糕的是，随着时间的推移，部分数据库中一开始相同的数据会不可避免地出现分歧，无论是由于人为错误、ETL 逻辑差异、作业或系统故障，还是其他原因。因此，许多公司都花很多精力在讨论为什么财务、销售和营销在相同的关键衡量指标上都会出现不同的数字，以及应该使用或信任哪个数字（财务数据通常获胜）。

许多企业已经开始进行数据治理，试图整合那些几乎相同的数据库，消除不必要的数据库，将分散的数据库汇聚起来。企业目录是这个过程的第一步，通过捕获哪些数据位于何处、来自何处以及谁正在使用，目录可以帮助识别冗余的和未使用的数据。

使用目录的一些常见模式有：

- 两个各带有额外度量和属性的、几乎相同的数据集市。可以通过将两者独特的度量和属性都添加到数据集市中，将它们整合成单个数据集市，从而降低存储和管理成本。此外，整合后每个数据集市的用户都可以访问以前仅属于另一个集市的字段了。
- 曾经用于生成报表的数据库，但目前仅用于生成另一个数据库。它完全可以被取缔，通过它生成的数据库可以直接从上游系统获取数据。
- 完全未使用的数据库，正在生成无人使用的报表和仪表盘。这些可以简单下线。

小结

虽然数据湖体系结构有许多选择，但许多企业开始被云的弹性和虚拟数据湖的效率所吸引。接下来，我们将探讨数据目录如何帮助企业创建数据湖并将其扩展到虚拟数据湖。

第 8 章

数据湖元数据

数据湖的一些特性使得数据检索较为困难。数据湖中通常包含大量数据集，数据集的字段名往往经过编码处理；还有些类型的数据集缺乏标题行，例如 delimited 文件（通过分割符划分列的文本文件）、非结构化的在线评论数据等。即使是具有良好标记的数据集也可能有不一致的名字和不同的命名风格。实际上，我们无法获知不同文件有哪些数据属性，因此也不可能基于这些属性找到所有文件。

要解决这个问题，要么在新数据集导入的时候就创建好相关文档，要么进行大规模的人工检查，由于大数据系统数据量非常庞大且多样，这两种方案都不具有可扩展性和可管理性。

数据目录可以通过为字段和数据集打上一致的业务标签并提供类似网上商店的使用界面来解决这个问题，它使得用户可以通过业务术语来描述所需要的数据，也可以通过数据集的业务标签和描述信息来理解数据。本章我们将先讨论数据目录的使用场景，然后快速介绍当前市场上的相关产品。

组织数据

第 7 章介绍的目录结构和命名规范可以帮助分析师检索数据集群。但是仅仅这些还不够，因为它们有以下缺点：

- 不具有搜索能力。要找到数据，分析师需要浏览指定目录，这在他们明确知道他们想要什么样的数据时没有什么问题，但是如果他们的目标并不明确，那么就需要检索海量目录，从中筛选出想要的数据，这并不实际。
- 类似 Hue 这样的 Hadoop 工具允许用户提取文件开始的一小段内容，但是这并不足以了解大文件中的内容。判断一个文件是不是自己项目需要的，分析师需要更好的方法去了解文件中到底包含了什么样的数据。例如，是否有关于纽约的数据？文件中有多少条推文？订单量是多少？如果分析师要查找用户的人口统计信息，比如年龄，仅仅在一个文件的几行中看到了关于年龄的数据，并不足以说明这个数据集有足够数量的年龄数据。
- 分析师还需要知道数据来源，因为不是所有数据都是可信的。一些数据来自已经失败的数据科学实验项目，有些来自一些具有数据一致性问题的系统，而其他有些来自经妥善管理的、可信的数据源。这些数据可能来自原始区、产品区或者工作区？分析师的具体需求决定了应该使用原始数据还是经过清洗的数据。如果数据来自工作区，那么分析师需要仔细地阅读数据的描述信息，或者向这个文件或者项目拥有者了解情况，因为弄清楚对这些数据做了什么样的处理至关重要。一些属性可能已经被妥善管理，并已经按照分析师的需要进行过处理。而其他的一些属性则需要从原始文件中获得，并需要进行特殊处理。

为了解决上面这些问题，企业需要像图书馆那样通过目录的方式组织数据。

从我在这个领域工作以来（超过 30 年），如何帮助分析师找到合适的数据一直是个未解问题。在本章余下的小节里，我们将讨论那些通过为数据添加标注和描述信息来提高数据的可触达性的方法。我们也会讨论如何用词汇表（glossaries）、分类系统（taxonomies）和实体论（ontologies）来描述、组织和检索数据集。

接下来的小节里我们将讨论怎样通过自动化方法来做这些事情。鉴于数据湖中的文件数量众多，而且多年来人们一直有意忽略和规避那些专门为追踪和数据建档而设计的流程，为数据编制的流程应该尽可能地自动化。不管用什么工具，要让分析师能够非常方便地用业务词汇为字段和数据集打上标签、添加备注。

技术元数据

我们通过元数据，即关于数据的数据，来描述数据集。例如，在关系数据库中，表的定义指明了元数据，包括表名、字段名、描述信息、数据类型、长度等。而表中每行的实际值才是数据。不幸的是，数据和元数据的区分往往模糊不清。看下面的例子（见表 8-1），销售表中包含不同年份的季度和月份销售数据（百万），产品用 ID 来标记。

表 8-1：销售表

ProdID	Year	Q1	Q2	Q3	Q4	Jan	Feb	Mar	...
X11899	2010	5	4.5	6	9	1.1	1.9	2.2	...
F22122	2010	1.2	3.5	11	1.3	.2	.3	.6	...
X11899	2011	6	6	6.5	7	4.5	2	.5	...
...	...	...	...	...	...	...	...	...	...

在这个例子中，字段名 `ProdID`, `Year`, `Q1`, `Q2`, `Q3`, `Q4`, `Jan`, `Feb` 等都是元数据，而实际的产品 ID（`X11899`, `F22122`）、年份（`2010`, `2011`）和销售数量是数据。如果分析师需要查找产品的季度或月份销售数据，通过元数据就可以知道该表是否包含他们想要的数据。

然而，同样的表我们也可以设计成下面这样（见表 8-2）。

表 8-2：具有更多模糊元数据的销售数据表

ProductID	Year	Period	SalesAmount
X11899	2010	Q1	5
X11899	2010	Q2	4.5
F22122	2010	Q3	11
X11899	2011	Q1	6
X11899	2010	Jan	1.1
X11899	2010	Feb	1.9

表 8-2：具有更多模糊元数据的销售数据表（续）

ProductID	Year	Period	SalesAmount
X11899	2010	Mar	2.2
...	...	...	...

不像表 8-1 那样为每一个统计周期创建一个列，表 8-2 中为每一个周期创建一行数据。通过 `Period` 列来标记每行具体属于哪一个周期，标记列的值不是季度（`Q1...Q4`）就是月份（`Jan...Dec`）。在这个例子中，尽管这两张表包含完全一样的信息，也可以相互替换使用，但季度和月份值是数据而不是元数据。

当然，真实场景比这个简单例子更加复杂。字段名字可能是经过编码的，或者名字具有一定误导性；数据也一样。例如，真实场景中，第二个表格中的数据更可能像表 8-3 中那样用编码表示。

表 8-3：具有更多模糊数据的销售数据表

ProductID	Year	Period_Type	Period	SalesAmount
X11899	2010	Q	1	5
X11899	2010	Q	2	4.5
F22122	2010	Q	3	11
X11899	2011	Q	1	6
X11899	2010	M	1	1.1
X11899	2010	M	2	1.9
X11899	2010	M	3	2.2
...	...	...	...	...

这个表中，`Period_Type` “`M`”代表的是“月份”，对应的 `Period` 列的值“`2`”表示二月，`Period_Type`“`Q`”代表“季度”，相应的 `Period` 值“`2`”则表示第二季度。通过分析这张表无法推断出月份名称，虽然聪明的分析师能够从数据中推导出他们需要的月份和季度销售数据（发现 `Period_Type` 不是“`M`”就是“`Q`”，“`M`”出现的次数是“`Q`”的三倍）。

就像这个例子展示的那样，元数据和数据没有严格的界限，这取决于 schema 的设计，不同的设计可以包含完全一样的信息。仅仅依靠元数据无法知道这个表中包含什么样的数据，除非明确看到表中包含月份数据，否则没有办法知道表里面是否有业务所需的月度销售数据。

数据剖析

如果需要查看每张表包含的所有数据才能理解这些数据，会严重影响数据查找效率。数据剖析信息常常用来弥补元数据的这一缺陷。例如，如果分析师不需要查看数据就知道 `Period` 列包含 `Q1...Q4` 和 `Jan...Dec` 这样的值，那么他们马上就知道这张表是否包含他们所需要的季度和月份销售数据。正如第 6 章提到的，数据剖析通过分析每一列的数据来帮助理解数据和数据的质量。除了“出现最频繁的值以及它出现的次数”这样的信息外，它通常还会涉及下面这些信息：

基数

　　每一列有多少唯一值。例如，如果两个表是等价的，那么这两张表的 `ProductID` 和 `Year` 列的基数应该是一样的。

选择性

　　每一个字段值的唯一性特征。可以通过基数除以行数计算得到。选择性为 1 或者 100% 意味着这个列的每一个值都是唯一的。

密度

　　每一列中有多少 `NULL`（或者缺失值）。密度为 1 或者 100% 表示没有 `NULL`，而 0% 的密度表示这列全部都为 `NULL`。

范围、均值、标准差

　　对于数据字段，计算最小最大值、均值以及标准差。

格式频谱

　　有些数据的格式与众不同，例如，美国邮政编码可能是 5 位数字、9 位数字或者前面 5 位和后面 4 位通过短横线隔开。格式可以很好地帮助我们识别一个字段的数据类型。

通过数据剖析获得的统计信息和表、字段名字这样的元数据统称为技术元数据。即便它可以帮助我们理解数据，但是它不能解决数据的可访问性问题。事实上，由于技术元数据本身可能是缩写或模糊的，使得数据可访问性问题更加突出。例如表 8-1 那样，用 Q1、Q2 这样的名字而不是 First_Quarter、Second_Quarter。如果 Year 列名字用 Y 代替，分析师在搜索这个字段的时候就会非常困难，因为 Y 可能代表 Yield、Yes、Year 或者很多其他事物。

剖析结构数据

剖析信息对于表格形式的数据非常直观，为每一列计算统计数据、并在所有行上进行聚合即可，但是对于 JSON 或者 XML 文件这样具有层次结构的数据就比较困难。

虽然格式不一样，理论上来说，JSON 文件跟表格文件表示的数据是一样的。例如，订单信息可以通过一系列关系数据库中的表或者表格文件来表示，这些表通过所谓的主键 - 外键关系进行连接。在图 8-1 中，有四张表分别用来存储订单、顾客和产品信息。主键 - 外键关系由主键列和外键列之间的连线表示，而一对多的关系通过线上的“1:N”标记来表示。例如，对于顾客表中的每一个 CustomerID，订单表中有多条具有相同 CustomerID 的订单信息与之相对应。

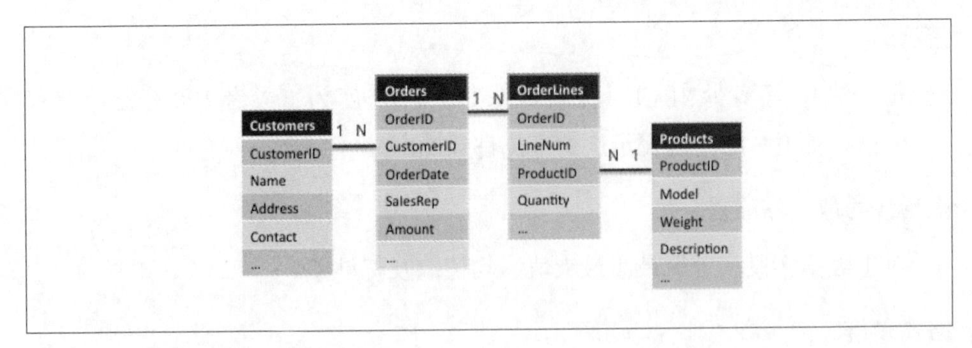

图 8-1：实体关系（E-R）图

同样的信息也可以用 JSON 格式来表示，它通过层级来表示实体之间的关系，类似关系系统中通过主键 - 外键来表示一样。不像关系系统那样用 4 张表，仅用单一的JSON文件就可以表示所有的属性和关系信息。下面的JSON片段包含了一个订单的所有信息。注意，这里不需要CustomerID、ProductID来关联订单、顾客、产品。顾客的信息嵌入在订单记录中，产品信息包含在OrderLine属性中：

```
{"Order"
  {
    "OrderID" : "123R1",
    "Customer" {
      "Name" : "Acme Foods", "Address" : "20 Main St, Booville, MD",
      "Contact" : "Zeke Gan", ...
    }
    "OrderLine" {
      "LineNumber" : "1",
      "Product" {
        "Model" : "XR1900E", "Weight": "20",
        "Description" : "The XR1900E is the latest ...", ...
      }
    "Quantity" : 1,
    ...
  }
}
```

由于两种方式表示的信息完全一样，可以通过*shredding*操作来获取层级数据文件中的字段。例如，顾客名字可以通过它完整的层次名称进行提取：Order.Customer.Name。这被称为XPATH表达式（XPATH是获取XML文档中特定部分的查询语言）；shredding操作为层次文件中的每一个唯一的XPATH创建唯一的字段。

Shredding的一个问题在于它是“有损的”，当转换成表格数据时会丢失一些信息。例如，如果两个顾客一起创建具有3个订单项的订单，通过shredding就没有简单的方法来表示这样的信息。我们是将3个订单项作为第一个顾客的属性还是为每个顾客各拷贝一份？或者每个顾客关联其中的一部分？这个问题没有标准答案。

大多数的剖析工具，比如来自Informatica和IBM的工具在做数据剖析之前都要求数据先转换成表格形式，而更多像 Trifacta，Paxata 或者 Waterline Data 这种面向非关系型大数据环境的新型工具则支持直接基于层次数据进行“无损”剖析，或者至少支持自动化的转换。

业务元数据

为了帮助分析师找到合适的数据，我们转而讨论业务元数据，或者业务层的数据描述信息。它有多种形式。

词汇表、分类法、实体论

业务元数据通常搜集到术语表、分类法和实体论系统中。业务术语表是具有高度规范化的（通常具有层次结构）业务词汇列表，它包含这些词汇的详细定义。业务词汇表可能是分类系统、实体论系统，或者仅仅是一些没有严谨语义的结构体。关于分类法和实体论的区别一直存在激烈的争论，我的目的是为了让你了解这两者，而不是陷入争论。记住一点，你可以将分类系统想象成由对象组成的层次结构，子节点是父节点的子类。这就是众所周知的 is-a 关系。图 8-2 展示了我们大多数都学过的生物学分类系统。

实体论相比分类法来说更加详细，可以表示对象间的任意关系。例如，除了 is-a 关系，还包含对象和属性间的 *has-a* 关系（例如，汽车拥有发动机）。还可以表示“司机驾驶汽车”这种关系。图 8-3 展示了可能的一种汽车实体论系统的一部分，一辆汽车拥有轮子、引擎，它属于交通工具的一种。

行业实体论

人们已经为一些行业开发了实体论系统。ACORD 是一个为了帮助保险公司以标准的方式交换数据的保险行业组织，它由超过 8000 家组织构成，为了描述要交换的数据，ACORD 开发了一套业务词汇表，描述了表单中的每个元素，涵盖了保险业务的许多方面。另外一个例子是 FIBO（Financial Industry Business Ontology），由 Object Management Group (OMG) 和 Enterprise Data Council (EDM) 这两个备受推崇的组织开发。

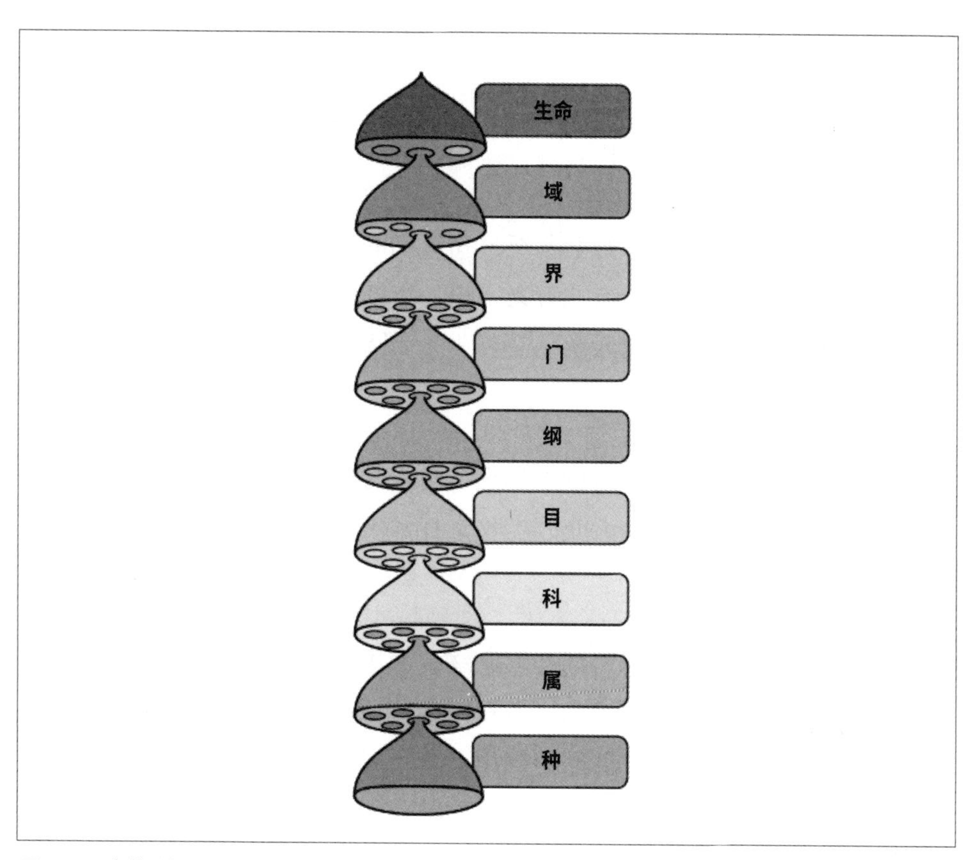

图 8-2：生物学分类系统

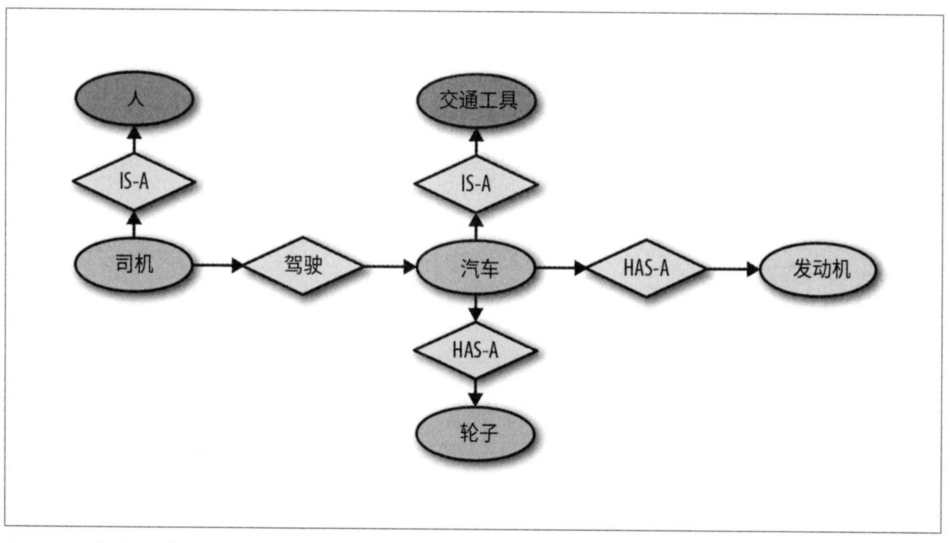

图 8-3：汽车实体论的一部分

一般公司也可以制定自己的标准。在 IBM 工作时，我们开发了许多行业模型，这些模型封装了行业特定的实体信息和相应的分析数据模型。

大众分类

即便有着易于搜索的特点，行业甚至公司级别的实体论也有一定的挑战，由于它们通常非常复杂，常常有几万条术语，持续跟踪所有这些内容很困难。另外，要使用标准的实体论系统，需要业务团队进行大量的关于标准术语的培训。

大众分类在描述数据标签时可以不那么严格。与实体论需要分析师学习使用严格定义的术语不同的是，大众分类收集日常用到的术语并将他们组织成结构一致的业务元数据。

另外一个挑战是，不同团队对同样的事物有着不同的命名。例如，同一个名字字段，市场人员称作为潜客名（潜在顾客），销售人员可能称作机会名，而售后人员则称作顾客名。有些系统用三个不同的专门数据集分别代表潜在客户，机会和顾客；但是另一些则将它们融合到一个数据集中，通过标记来进行区分。

为避免混淆，不同的团队可能会使用不同的大众分类系统并使用他们所熟悉的术语来搜索同样的数据。在 Waterline Data 中，为了支持这种场景，我们按照不同的领域来创建标签或者术语集，将一些领域数据提供给特定团队，而另外一些则可能在多个团队之间共享。

打标

一旦我们拥有了词汇表、分类法、大众分类法或者实体论，为了能使用它来查找数据，需要将合适的术语和概念指定给数据集。这个过程就是大家所熟知的“打标”，就是将业务术语指定给特定字段或者数据集，这些字段或者数据集包含这些术语所描述的数据。例如，在技术元数据小节的例子中，

Period 字段可以指定“Number_of_Quarter and Month”这种可以反映该字段内容的术语。分析师就可以通过搜索“month”“quarter”或者“quarter number”等关键字找到这个字段。这个打标的过程是创建数据目录的关键。

为了能够给一个数据集打标，数据分析师或者数据管理者必须充分理解这个数据集。大型企业中，由于没有任何个人甚至团队能够理解所有的数据集，这项任务就需要一些数据管理者、数据分析师和其他领域专家共同完成。

在一些公司，例如 Google、Facebook 和 LinkedIn 等，数据管理者、分析师可以手动在数据目录中为数据集打标。也有一些来自 Alation、Informatica、Waterline Data 等公司的产品支持类似的打标方法，同时也允许用户对数据集进行评分、评论或者其他更多操作。

我们在第 6 章中讨论了关于部落知识众包的思想，在本章后面的部分，我们将介绍可以用来帮助我们创建数据目录的产品。

自动编目

尽管人工打标和通过众包进行协作是必要的，但仅有这些是不够，也非常耗时。企业可能拥有数百万的数据集以及数以亿计的字段，即使只用几分钟就可以为一个字段打上合适的标签（实际场景中，有时需要花费几个小时进行调查和讨论），也需要几亿分钟或者几千人一年才能完成所有的打标任务。很显然这很不现实。通过与来自 Google、LinkedIn 和其他组织的团队讨论，我了解到，如果依赖手动打标，那么仅仅只有最常用的数据集会被打上标签，绝大部分则会被遗忘在黑暗的角落。

就像第 6 章提到的，解决这个问题的办法就是自动化。新型工具利用人工智能和机器学习对处于“暗处”的数据集进行识别、自动打标和备注（基于 SME 和分析师在其他地方提供的标签），以便分析师可以找到和使用这些数据集。Waterline Data 的 Smart Data Catalog 和 Alation 系统就是最好的范例。

Alation 尝试通过字段的名字来推断它的意思，也可以自动化地解释各种字段名的缩写。而 Waterline Data 基于字段名（如果有）、字段内容、字段上下文等信息来自动化地打标，所以它也可以尝试为没有字段信息的文件打标。

我们将以 Waterline Data 作为例子来演示如何进行自动编目。这个工具爬取 Hadoop 集群和关系数据库的数据为每一个字段建立指纹信息（指纹是字段属性的一个集合，包括名称、内容和剖析信息）。然后，当分析师在使用其他文件和表的时候，会要求他们为这些字段打标。你可将此视为创建“通缉”海报。

然后 Waterline Data 的 AI 分类引擎 Aristotle 使用这些指纹信息和字段上下文信息来自动地为字段打标。上下文信息来自同一份数据集中的其他标签。例如，一个跟在信用卡号后面、有着从 000~999 的三位数值的字段，就很可能是信用卡的验证码。而另外一个字段，即使拥有同样的数值，但其所在数据集的其他标签都代表一些医疗程序属性，那么它就不太可能是信用卡验证码。

最终，分析师可以选择接受或者拒绝这些推断出来的标签，就像图 8-4 展示的那样，进而可以训练 Waterline Data 的 AI 引擎。

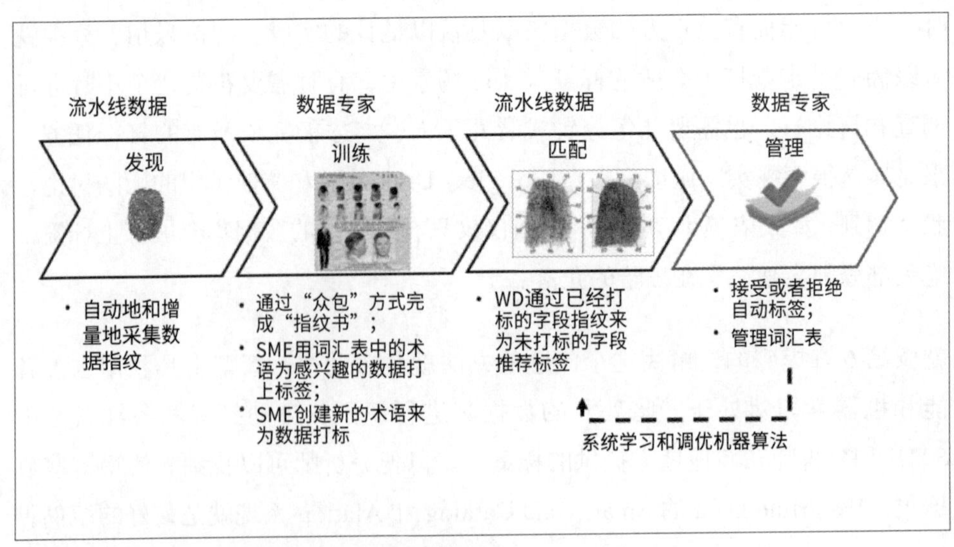

图 8-4：自动打标，已经得到人类分析师的认可

这个过程大大地减少了人工打标的需求，一旦对新的数据集完成编目，它就可以触达到它的用户。

逻辑数据管理

标签不仅使得分析师可以用熟悉的业务术语方便地查找数据，它也能够为企业数据提供一致的“逻辑”视图。数据管理员和分析师可以为所有数据资产创建一致的管理策略，而无需跟踪字段在不同数据集和系统中的命名差异。从数据保护到数据质量，现代数据管理工具正在采用基于标签的策略将那些纯手工的、易错的、劳动密集的以及脆弱的传统技术进行自动化改造，这些传统技术往往会拖慢项目的进展，也会阻碍自助服务的实施。

敏感数据管理和访问控制

如何管理敏感数据是数据治理团队最关心的问题之一。有很多行业或者国家制定了大量的法规来规范数据的使用、保护个人隐私和敏感数据，例如欧洲的 GDPR、美国的 HIPAA 和国际性的 PCI。另外，很多公司也有很多需要保护的机密信息。我们将任何需要满足合规检查以及访问控制的数据统一叫作敏感数据。为了管理敏感数据，企业首先需要为数据进行编目（知道相关数据存储在哪儿），然后通过访问控制或者脱敏技术来做数据保护。

过去，安全管理员必须手动地保护每一份数据文件。例如，假设一张数据库表包含社会安全码（SSN）字段，管理员必须知晓这一信息并且手动为这个字段创建一条访问规则，以保证只有经过授权的用户才能访问。如果出于某种原因，用户后来将 SSN 写入了其他字段（如 `Notes` 字段）中，除非有人发现并且重新设置相关的访问规则，否则这个字段将不会得到任何保护。相反，Apache Ranger 和 Cloudera Sentry 这样的新型安全系统则依赖于所谓的“基于标签的安全策略”，它们不是为特定的数据集和字段定义访问和脱敏规则，而是为特定的标签定义规则，然后将其运用于所有拥有这些标签的数据集和字段（第 9 章将会详细讨论）。

自动和人工审查

如果没有自动化方法进行敏感数据管理，新导入的数据需要先经过人工检查并且判断是否包含敏感数据，然后才能发布使用。为了实现这种方法，一些公司在数据湖中创建一个“隔离区”，所有的数据都先导入这个区域，通过人工检查并且确保可以使用的数据才转移到其他区域。尽管这个方法很有效，但这些公司都只是将它作为一种备选方案，因为这种方法往往费时又易错（如果没有足够的预算，这个问题则更加严重，因为大多数的数据集都不能立即提供给项目使用）。不幸的是，这也会导致恶性循环，如果隔离区里的数据没法访问，分析师就没有办法使用它们，也没有办法提高处理优先级。

自动化敏感数据检测则更加优雅。隔离区的数据可以通过编目程序自动扫描，并且为敏感数据打上合适的标签。然后通过基于标签的安全系统自动限制对敏感数据的访问。

如果必要，人工审查可以作为自动化方案的补充。这些系统可以自动为数据打上标签，然后将数据集的元数据整合到目录中，分析师可以利用标签信息找到想要的数据。一旦分析师找到了想要的数据，再通过人工来确认标签的正确性以及检测数据集所包含的任何敏感数据。通过这种方式，所有数据都可以触达到它的用户，数据审查团队的有限资源也可以只处理那些真正需要被访问的文件。

最后，准备好的数据集也可以用于数据主权法规以及其他规章制度。例如，如果来自英国的分析师想要访问德国的数据，可以授权他们直接访问德国本地的数据湖，而无需将数据转移到英国。

数据质量

数据质量在本书的其他章节也有讨论，本章我们主要讨论通过目录来组织和表达数据质量信息。基于标签的数据质量规则、数据集的注释质量和管理质量评估都是目录技术在数据质量方面的几个重要创新。

基于标签的数据质量规则

简单的数据编目技术通过硬编码的方式为每一个物理字段开发数据质量和敏感性相关的规则。更多的目录系统（尤其是那些支持自动打标的）允许数据质量专员和数据管理员为特定的标签定义并应用数据质量规则。其主要思想是先定义规则，然后将规则应用于那些具有相应标签的数据字段。例如，如果我们为年龄定一个规则，限定年龄应该介于 0~125 之间，然后可以将这条规则运用于所有标记了年龄这个标签的字段，并且可以统计有多少行数据不符合这个规则。这样数据质量分可以定义为不满足这条质量规则的数据行所占的比例。如图 8-5 所示，所有 5 条数据中，只有 3 条满足这条质量规则，因此，质量水平是 60%。

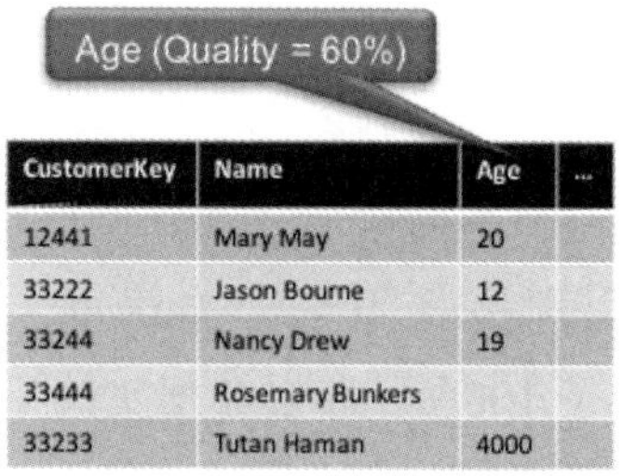

Age (Quality = 60%)

CustomerKey	Name	Age	...
12441	Mary May	20	
33222	Jason Bourne	12	
33244	Nancy Drew	19	
33444	Rosemary Bunkers		
33233	Tutan Haman	4000	

图 8-5：数据质量水平

接下来几节介绍其他几种评价数据质量的方法。

注释质量

注释质量是关于有多少数据集拥有注释的质量指标。例如，如果每一个字段都有标签，那么注释质量就是 100%，如果只有一半的字段拥有注释，那么数据质量是 50%。需要注意的是，人工和自动的标签都可以用于数据质量评价。除了标签，描述信息、血缘关系（导入的、人工指定的、自动推荐的）、其他属性（例如所属权）缺失与否都可以作为评估注释质量的一个方面。

管理质量

管理质量关乎有多少标签是已经得到认可或者人为管理起来的。最关键的是可信度，人工管理的数据集往往比自动注释的更加可信。

不像注释质量仅仅检查是否已经打过标，管理质量不认为自动标签是“有效的”，除非获得了数据管理员或者其他授权的用户的认可。管理质量也可以反映数据集拥有的描述和血缘信息(可能是导入的、人工指定的、自动推荐的)，同样的，如果血缘信息是自动推荐的，它也需要得到管理员的认可。

数据集质量

数据集质量可以概括其他三种类型的质量：基于标签的质量、注释质量和管理质量。同样，关键的问题是可信度，诀窍是将所有这些度量融合于单一指标。现实中并没有最佳实践或者标准公式。从仅仅考虑管理质量到考虑所有方面的指标都有可能。

例如，如果我们仅仅考虑管理起来的标签，如果每一个字段都有管理的标签，而且这些标签的质量水平是 100%，那么数据集的质量水平就是 100%。如果只有一半的字段拥有管理起来的标签，这些字段的平均质量是 80%，那么数据集的质量水平是 40%。

然而，即使数据集的字段都有完美的格式和相符的标签，在不知道来源的情况下，我们依然没法完全信任这些数据。我们如何用单一指标同时反映数据和血缘质量呢？这个问题很困难，大多数的公司都简单地用不同的属性来反映不同方面的数据质量与置信度。事实上，我建议采用以下办法：在数据集层面上将所有字段的基于标签的质量聚合成单独的值，并且将注释质量和管理质量分别衡量。不要试图找到一个公式来反映所有三个方面。

连接分散的数据

数据科学工作的一个挑战是常常需要数据科学家和数据工程师将之前没有融合的数据融合到一起。查找数据的挑战就变为：不仅要找到那些包含你想要数据的数据集，还需要确认这些数据集是否可以融合在一起。这有两个方面需要考虑：

- 这些数据集是否可以 join？换句话说，是否有办法将一个数据集的数据和另外一个数据集的数据连接到一起？例如，假设数据科学家找到一个很大的数据集，它包含诸如姓名这样的人口统计信息，并且想和收入信息进行连接。搜索收入信息可能会得到多个数据集，但是否所有这些数据集都可以跟人口统计信息进行连接呢？如果每一个收入数据集都包含名字和地址信息当然可以直接连接，但如果没有一个数据集包含这些信息，只有部分包含社会安全号码（SSN）呢？数据科学家可以搜索那些既包含社会安全号码又包含名字和地址信息的数据集，然后用这些中间数据集将收入数据集和人口统计信息数据集进行连接。
- 连接的结果是否有意义？在上面的例子中，即使数据科学家找到了可以连接的数据集，如果这些数据集包含的数据都不重叠会怎样？例如，如果人口统计学数据集包含的是美国顾客的信息，而收入数据集则包含欧洲顾客的信息会怎样？即使它们都包含名字和地址信息，也几乎无法重叠。

想要数据目录切实可用，不仅要能够帮助用户找到相关的数据，还需要能够评估连接这些数据是否有意义。有几个办法可以达到此目的：

字段名称

在设计良好的系统中，相同名字的字段意味着数据也相同，分析师可以通过相同名字的列进行连接。不幸的是，对于大型系统来说情况可能不一样，如果跨具有不同命名规范的多个系统进行连接，仅仅依赖字段名甚至可能得到错误的结果。因此，如果不实际执行连接操作就没有办法确定连接是否有效。

主键和外键

在关系数据库中，表格通过键进行连接。这也叫作主键 - 外键（PKFK）关系或者参照完整性约束。就像本章之前提到的例子，假设你拥有一个保存客户信息的表。这张表有一个主键来唯一标识一个客户，所有其他表通过这个键进行连接。其他表中用来连接客户表主键的列叫外键。PKFK关系往往通过ER图进行表示，ER图可以通过ERwin提供的Erwin Data Modeler或者Idera提供的ER/Studio这样的数据建模工具进行绘制。在关系数据库中，PKFK关系也常常被称作参照完整性约束，由于会引入额外的开销，很多生产系统往往避免使用这些约束。PKFK是一个保证能得到好的连接结果的办法。但是，这些关系通常只在单个系统中可用，对跨系统连接则无能为力。

使用

可以从数据使用中收集有用的连接信息，例如，从现有的进行数据连接的模块中寻找，比如数据库视图、ETL作业和报表。也可以通过SQL日志推断哪些查询被用来连接数据。虽然这些模块通常提供一些类似于名字和描述的上下文信息来保证连接产出有用的结果，但是这些SQL查询可能不会提供诸如“这些数据为什么连接在一起”，“连接是否成功”等信息。

标签

最困难的是那些之前从来没有出现过的连接，尤其是在不同系统或者不同数据格式之间进行连接。目录可以帮助解决这个问题，用户可以通过标签找到要连接的数据集。连接的有效性可以根据数据剖析得到的技术元数据进行推断，或者从连接的实际执行结果中进行分析。

建立血缘关系

目录需要回答的一个关键问题是分析师是否可以信任这些数据，并且能够说明数据来源。这就是数据的血缘或者来源（关于血缘的详细讨论可以参考第6章）。目录的一个任务就是展示数据资产的血缘关系，并且能够补充缺失的血缘关系。

大多数BI工具，例如Tableau和Qlik，通过描述可视化报表是如何被创建的来展示血缘信息。同样的，大多数的ETL工具在迁移或者转换数据的过程中搜集血缘信息，例如 Informatica、IBM InfoSphere 以及 Talend。然而，很多高级分析是通过 R 和 Python 脚本完成的，很多数据转换和迁移是用 FTP、Pig 或者 Python 脚本以及 Sqoop 和 Flume 这样的开源 Hadoop 工具完成的。这些工具不会搜集或者显示数据的血缘关系。由于只有当所有的源头都是可以追踪的时候，血缘关系才有用，因此解决这个问题很关键。一些工具通过分析系统日志（例如 Cloudera Navigator）、使用开源系统报告（Apache Atlas）、在用户编写任务的时候手工提供（Apache Falcon）、通过文件的内容来推断（IBM InfoSphere Discovery 和 Waterline Data）或者 SQL 日志（Manta 和 Alation）等方法来补充缺失的血缘关系。

如你所见，没有哪一种方法可以获得所有的血缘信息，但是数据目录理应尽可能多地从各个地方搜集和“缝合”这些信息。“缝合”是指将不同的血缘信息片段链接在一起的过程。例如，一个 Parquet 格式的表通过 Informatica 的 ETL 工具从 Oracle 数据仓库导入到数据湖中，随后通过 Python 脚本与从 Twitter 推文创建的 JSON 文件进行连接得到一张 Hive 结果表，然后使用数据预处理工具将这张 Hive 表转换成 CSV 文件并加载到数据集市中，数据集市中的表又被 BI 工具用来创建报表。要得到数据来源的全景图，需要将这些步骤链接起来。任何步骤的缺失，都将导致分析师没办法追踪到数据源头，也就是 Oracle 数据库和 Twitter 的推文。

正如这个假想的例子展示的那样，数据经常经过一系列工具进行转换。另外的一个问题是，现有的血缘信息也可能是用产出这些数据的工具所用的语言表示的，而数据分析师没法熟悉所有的工具。为了知道对这些数据做了什么操作，需要创建由业务术语描述的文档。这就是业务血缘。不幸的是，大多数的公司并没有专门的地方搜集和跟踪业务血缘信息。每个任务和步骤可能都有相应的文档，只不过常常是存储在工具内部（例如，脚本中的注释），或者存在于开发者的笔记、Excel 文件或者 wiki 文档中。目录提供了一个搜集血缘文档的理想场所。

数据预置

一旦识别出了合适的数据，用户希望通过其他工具来使用这些数据。为了支持这些能力，目录常常提供数据预置选项。数据预置可能只是简单地通过特定的工具打开数据集，例如，如果分析师找到了包含销售信息的数据集，他们可能希望用他们喜欢的 BI 工具打开数据集，然后进行分析或者可视化。同样的，如果数据科学家或者数据工程师找到了感兴趣的原始数据，他们可能希望用喜欢的数据预处理工具打开。这个就像在 Mac Finder 或者 Microsoft Explorer 中找到一个文件，然后通过鼠标右击展开“打开方式”菜单，通过这个菜单可以选择任何可用的程序打开这个文件。由于数据工具众多，需要确保数据预置能力易于扩展，使用户可以使用任何工具进行访问。

另外一个预置操作涉及数据访问。数据目录的一个巨大好处是，用户在没有访问数据的情况下可以找到想要的数据。这也意味着，当用户找到了想要的数据，在使用之前必须先请求访问它。访问请求可能仅仅是给数据拥有者发送一封请求邮件，请求数据所有者将自己加入访问控制组以便就地访问数据，或者更复杂的是，经过漫长的审批流程，在得到允许之后将数据导入到数据湖中。数据的访问控制和导入将在第 9 章详细讨论。

创建目录的工具

一些厂商提供各种数据目录工具，包括 Waterline Smart Data Catalog、Informatica Enterprise Data Catalog、IBM Watson Knowledge Catalog,、AWS Glue 和 Apache Atlas（由 Hortonworks 和它的合作伙伴开发）。在选择厂商的时候，需要考虑几个重要的能力：

- 处理大数据时的性能和扩展性。
- 自动化的数据发现和分类能力。
- 与其他企业元数据库和单一平台目录的集成能力。
- 用户友好性。

第一个要考虑的是对Hadoop或者Spark这种原生大数据处理工具的支持程度。数据湖是企业最大的数据系统，需要联合大规模集群的节点的能力来处理数据或者为数据编目。Hadoop 不仅仅是提供低成本存储数据的地方，也是低成本处理数据的地方。在不利用 Hadoop 数据处理能力的情况下想要为 Hadoop 中大规模的数据进行编目是不可能的。有些工具原生地针对Hadoop进行设计，而类似 Alation 和 Collibra 等其他工具则需要同关系数据库配合使用，他们要么需要将数据加载到关系数据库系统中，要么使用运行于 Hadoop 之外的专有引擎进行处理，这种方式没有办法扩展到数据湖的规模。

另外的一个问题是，数据湖的规模和复杂性使得无法通过人工的方式进行分类，也无法使用业务元数据对所有的数据进行人工打标。因此，需要用自动化的方式来完成分类任务。这里提到的所有工具都允许分析师为数据进行打标，类似 Waterline Data 的一些工具则提供数据自动发现引擎，它可以通过分析师已打标签进行学习，并自动地为其他数据集进行分类。

当然，Hadoop 数据湖仅仅是企业数据生态的一部分，也会和其他管理基础设施相配合。一些企业也有大量的元数据需要纳入新的数据湖中。有几种工具可以提供企业数据存储库。然而 Hadoop 是最具有扩展性和经济性的平台，它可以处理集群内和其他数据源的数据，像 Cloudera Navigator 或者 AWS Glue 这样的单一平台解决方案具有局限性，也无法满足企业需求。

最后，很多元数据方案专为 IT 或者数据治理专员所设计。想要被广泛使用，这类方案必须非常直观，非技术人员不用太多训练就应该可以使用。由整洁的业务术语构成的帮助文档比技术细节对分析师更有用。技术细节对于某些用户来说毫无疑问是必须的（也应该易于使用），但是不应该强加给业务用户。一些目录通过提供面向不同角色的视图来达到这个目的，也有一些系统则仅提供业务视图，但是也为技术用户提供探究技术细节的方法。

工具对比

表 8-4 总结了一些数据目录产品的能力。这些工具可以分为三类：

- 试图为企业所有数据进行编目的企业编目工具。
- 专注于特定平台的单一平台编目工具。
- 传统编目工具。它原生不支持大数据，也无法运行在 Hadoop 集群或者其他大数据环境中，需要 Hive 这样的关系接口来为大数据进行编目。他们有时候作为数据池（在大数据平台上创建的数据仓库，就像第 5 章描述的那样，仅仅能够通过 Hive 进行访问）的一部分，但是无法支持拥有大量原生 Hadoop 文件格式数据的数据湖。

表 8-4：目录工具比较

	Big data support	Tagging	Enterprise	Business analyst–focused UI
Enterprise				
Waterline Data	Native	Automated	Y	Y
Informatica Enterprise Data Catalog	Native	Manual	Y	Y
Single platform				
Cloudera Navigator	Native	Manual		
Apache Atlas	Native	Manual		
AWS Glue	Native	Manual		
IBM Watson Catalog	Native	Automated		Y
Legacy/relational				
Alation	Hive only	Manual	Y	Y
Collibra	Hive only	Manual	Y	Y

数据洋

如果目录支持数据透明地存储在任何地方，那么就会有“是否需要数据湖？”这样的疑问。为什么不将所有数据进行编目，然后让它在所谓的“数据洋”中可用呢？一些企业正在着手这样野心勃勃的项目，但是这些项目具有惊人的规模和复杂度，可能需要几年的持续投入。然而，它不需要移动和随处拷贝数据的特点使它成为一个具有吸引力的替代方案，有些早期采用者愿意为此买单。此外，当前的监管环境对数据透明、数据隐私和合规使用的要求促使企业创建以数据目录为中心的具备数据可见性、治理和审计能力的单一系统。合规检查和数据洋的努力是一致的，并且通常是携手并进的。

小结

数据目录是数据湖和企业数据生态不可或缺的一部分。随着数据呈指数级增长以及在越来越多的业务场景中使用，通过自动化的方式为数据编目并且让用户能查找、理解和信任数据是数据驱动决策道路上必不可少的第一步。

第 9 章

数据访问控制

本章将介绍在数据湖中，为分析师提供数据访问权限所面临的挑战，并将介绍几种最佳实践。数据湖与传统数据存储的区别在于以下几方面：

负载

数据集和用户数量很多，数据变更也非常频繁。

平滑导入

由于数据可能用于未来尚未确定的分析项目中，因此在导入数据的时候应尽可能少地对它进行处理。

加密

通常根据政府或内部规定，在供分析师使用敏感和个人信息的同时，需要对它们进行保护。

工作的探索性

IT 人员无法预料大量数据科学的工作。同时，数据科学家通常也不知道庞大且多样的数据存储中有哪些可用内容。这使得传统方法面临一个矛盾（catch-22）：如果分析人员无法找到他们无权访问的数据，就无法请求访问它。

最简单的访问模型是赋予所有分析师对所有数据的访问权限。遗憾的是，在以下几种情况下这个访问模型无法使用：数据受到政府法规的限制，例如，个人身份信息或信用卡信息；数据版权存在限制，例如，从外部购买或获取的数据，有时在数据使用上受到某些特定限制；出于商业竞争或其他原因被公司认为是关键和敏感的数据。大多数公司都有自己的敏感数据，包括商业机密以及客户名单，还有工程设计和财务信息等。因此，除了部分公共数据、研究数据和非敏感的内部数据外，通常不可能允许所有人具有访问数据湖中所有数据的权限。

授权与访问控制

授权是管理数据访问的常用方法。授权一般是给指定分析师分配对特定数据资产（如特定文件或表）进行特定操作的权限（如读权限与写权限）。为了简化此过程，安全管理员通常会创建角色（权限集合）并将这些角色分配给不同分组的分析师。

大多数传统系统都提供自己的内部授权机制。由于越来越多的公司开始使用多点应用（通常是在云中），而不是使用单一供应商的单一集成应用，单点登录（SSO）系统已变得非常流行。通过单点登录，用户只需登录一次，就能访问所有应用。

但是，这种方法存在一些挑战。其中值得注意的是：

- 很难事先预测到数据分析师需要什么数据。
- 直到分析师访问到数据之前，他们都无法判断是否需要这些数据。
- 授权可能分布在各个阶段和活动中，因此维护成本很高：
  — 每当雇用新员工时，安全管理员需要提供适当的授权。
  — 当员工更改角色或项目时，安全管理员需要提供新权限并撤销旧权限。
  — 当出现新数据集时，安全管理员需要找出可能需要访问此数据集的所有用户。

— 当分析人员需要包含敏感数据的数据集时，需要为他创建该数据集的一个脱敏版本。

面临的挑战如此之大，以至于一些企业采用监控访问日志的方法来确保分析人员访问了适当的数据。但是，这种方法只能用于事后处理，无法当场阻止分析人员有意地使用错误的数据，也无法帮助他们避免无意中使用它。一些企业采取许多措施以便更加主动地应对这些挑战，包括：

- 使用基于标签的数据访问策略。
- 对敏感数据进行删除、加密或使用随机数进行替换，然后可以给任何人授予访问权限。
- 通过创建仅含元数据的目录来实现自助访问管理，该目录允许分析人员查找所有可用数据集，然后向数据集所有者或安全管理员申请相关数据集的访问权限。

我们将在以下部分探讨这些控制访问的不同方法。

基于标签的控制策略

传统的访问控制基于物理文件和文件夹。例如，Hadoop 文件系统（HDFS）支持典型的Linux访问控制列表（ACL）。“设置文件访问控制列表”（-setfacl）命令允许管理员或文件所有者指定哪些用户和用户组可以访问特定文件和文件夹。例如，如果文件包含薪水信息，管理员可以使用以下命令指定人力资源（HR）部门的用户可以读取该文件：

```
hdfs dfs -setfacl -m group：human_resources：r-- /salaries.csv
```

此命令表示用户组 *human_resources* 中的任何用户都可以读取 *salaries.csv* 文件。

显然，如果数据湖包含数百万个文件，手动设置每个文件的权限并不实际。

相反，管理员通常会以文件夹为单位为用户组授权，一次性将文件目录树中所有的文件授权给用户。例如，他们可能会创建一个 *hr_sensitive* 文件夹，并允许 *hr* 组中的任何用户读取该文件夹中的任何文件。通常这种方法已经足够了，但它带来了一些重大挑战，包括：

- 必须支持反映组织架构的复杂权限方案。
- 必须为每个文件确定和设置权限。
- 必须检测和解决 schema 变更。

大企业的组织架构通常非常复杂。例如，如果我们不希望让所有 HR 用户都能够查看 *hr_sensitive* 文件夹中的所有数据，而是希望只有特定部门的 HR 用户才能看到该部门的数据，我们需要创建多个子文件夹：为每个部门创建一个子文件夹（例如，人力资源 / 工程、人力资源 / 销售等），并为每个部门创建一个单独的组（例如，*hr _engineering*，*hr _sales* 等）。

在将每个文件放入数据湖之前，就必须确定谁可以访问它。一种方法是隔离所有新数据，直到数据管理员或安全分析师对其进行审核，例如将其保存在单独的文件夹（隔离区）中，如图 9-1 所示。有时，公司可以采取捷径，假定任何来自人力资源应用的数据都应该只由人力资源部门访问。但总的来说，对于数百万个文件，手动完成审核是一项不可能完成的任务。然而，公司不能冒险向每个人开放数据，除非有人确定它包含哪些内容以及谁应该访问它。

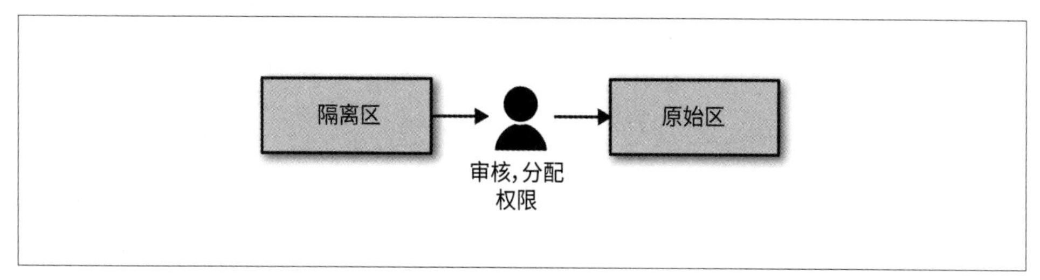

图 9-1：人工审核隔离区中数据

虽然这个方法适用于数据采集工作的某些场景，比如那些很少将新类型的数据添加到数据集中的场景，但对于在数据湖中创建的数据而言，这并不适用。

如果在数据湖中新创建的任何文件都要保留在隔离区，直到通过了访问控制策略的人工审查，数据湖中的工作将寸步难行。

更优雅的解决方案是某些 Hadoop 发行版中采用的基于标签的安全策略。例如，Cloudera Navigator 和 Apache Ranger（作为 Hortonworks Hadoop 发行版的一部分提供）支持基于标签的策略。这些工具不是为每个文件和文件夹指定 ACL，而是允许安全管理员使用标签设置策略。虽然你仍需要隔离区，但分析人员只需简单地标记文件和文件夹，而不是为每个文件和文件夹手动创建 ACL，如图 9-2 所示。

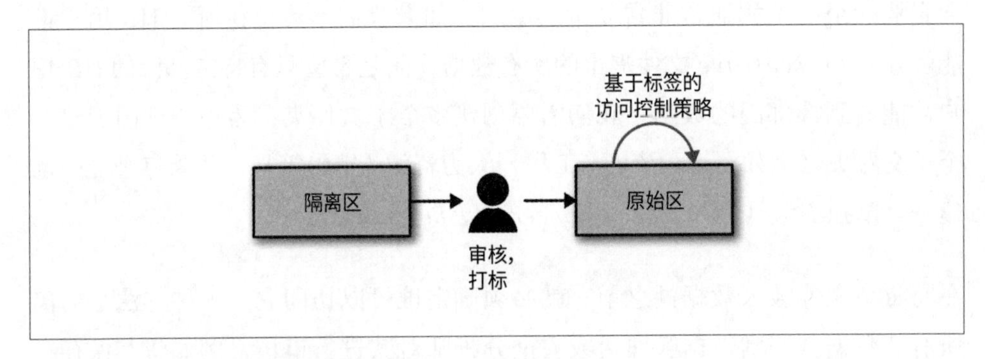

图 9-2：基于标签策略的隔离处理方案

这些标签可以通过 Cloudera Navigator 和 Apache Atlas 等本地目录工具设置，并通过基于策略的访问控制工具（如 Apache Ranger）自动获取。例如，Hortonworks Ranger tutorial 显示了如何为每个具有 PII（个人身份信息）标签的文件设置访问策略，无论它位于何处。

这种基于标签的访问控制策略方法还解决了“如何反映复杂组织架构”这个挑战，因为你不再需要在文件夹结构中反映它。相反，文件和文件夹可以放在任何地方，策略可以任意复杂并可以基于多个标签。例如，要让访问控制策略支持部门信息，你只需要将具有部门名称（`Engineering`、`Sales` 等）的标签添加到文件中，并为每个标签组合创建单独的策略（例如，`HR&Engineering`、`HR&Sales`）。你不必创建新文件夹、移动数据或重写依赖于旧文件夹结构的应用程序。

标签提供了一种管理和组织数据的强大方法。事实上，使用标签，你甚至不需要单独的隔离区。相反，在采集过程中，可以将新采集的文件标记为“隔离”，并且可以创建策略，让数据管理员之外的任何人无法访问这些文件。然后，数据管理员可以查看文件，使用适当的敏感数据标签对其进行标记，最后删除隔离标签，如图 9-3 所示。

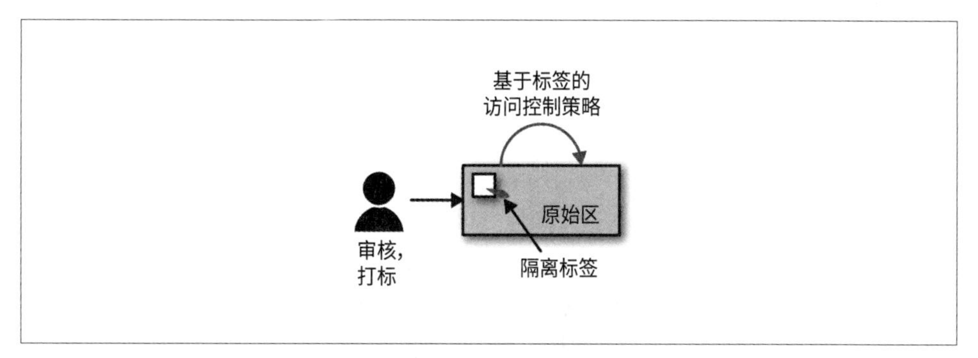

图 9-3：使用标签隔离文件

尽管基于标签的安全策略解决了数据中组织架构相关的挑战，也加速了人工审核的流程，但标签与数据湖的前提是直接冲突的，数据湖存储的数据具有不确定性，并且无需任何处理即可加载。平滑导入使得加载数据变得快速并且对源系统压力最小，但这样无论是传统的还是公司特定的数据，在刚接收时都很难确定其类型以及敏感性。

此外，分析师很容易被大量的新数据所淹没，并且无法及时处理隔离的数据。检测敏感数据是一项具有挑战性的工作。分析师如何真正知道百万行规模数据文件的 Notes 字段的某些行（可能是数十万行）中存有社会安全号码或其他敏感标识符？查看前几百行可能无济于事，事实上某些列可能完全是空的，而对整个数据集进行大量查询需要时间，并且可能需要编写脚本或开发专用工具。

即使分析人员能够编写和运行检测敏感数据所需的脚本，架构和数据更改也会带来额外的挑战。可能在新文件加入时分析人员未发现任何敏感信息，但该文件的后续更改（新分区）可能包含保存敏感数据的字段，或者敏感数据可能会添加到最初并不敏感的数据集中。

处理敏感数据和访问控制管理的唯一实用解决方案是自动化。Informatica、Waterline Data 和 Dataguise 等工具会扫描所有新文件，包括新采集的文件、旧文件的新分区以及在数据湖中创建的新文件，然后自动检测敏感数据并添加标签，如图 9–4 所示。然后，它们会将这些标签导出到 Apache Atlas 等本地目录工具，以用于实施基于标签的策略。

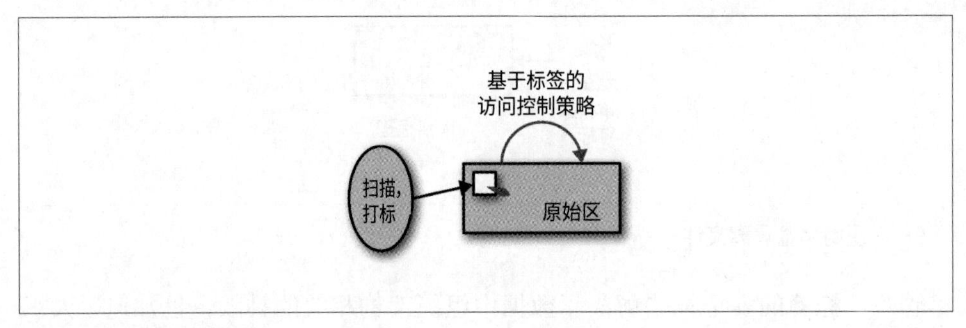

图 9-4：自动标记敏感数据

数据脱敏

识别敏感数据后，你可以限制对它的访问。不幸的是，这意味着该数据不能用于分析。相反，企业通常会对敏感数据进行加密，并让每个人都能访问加密数据集。可以使用不同形式的加密方式，包括：

- 透明加密。
- 显式加密。
- 脱敏。

为了便于描述，假设我们有一个表格形式的数据集，它包含由医疗保健处提供的一些患者信息（见图 9-5）。

Name	Address	City	State	Weight
Guido Sarducci	1212 Main St	Menlo Park	CA	189
Yoko Okamoto	322 Bryant St	Palo Alto	CA	112
Jorge Rodriquez	19 Cowper Ave	Palo Alto	CA	150

图 9-5：病患信息数据集示例

透明加密（如 Cloudera Navigator 提供的那样）会在写入时自动加密磁盘上的数据，并在读取时自动解密，如图 9-6 所示。这样做是为了防止有人访问或复制原始磁盘文件，然后读取字节信息来重建数据文件，从而绕过任何访问控制。

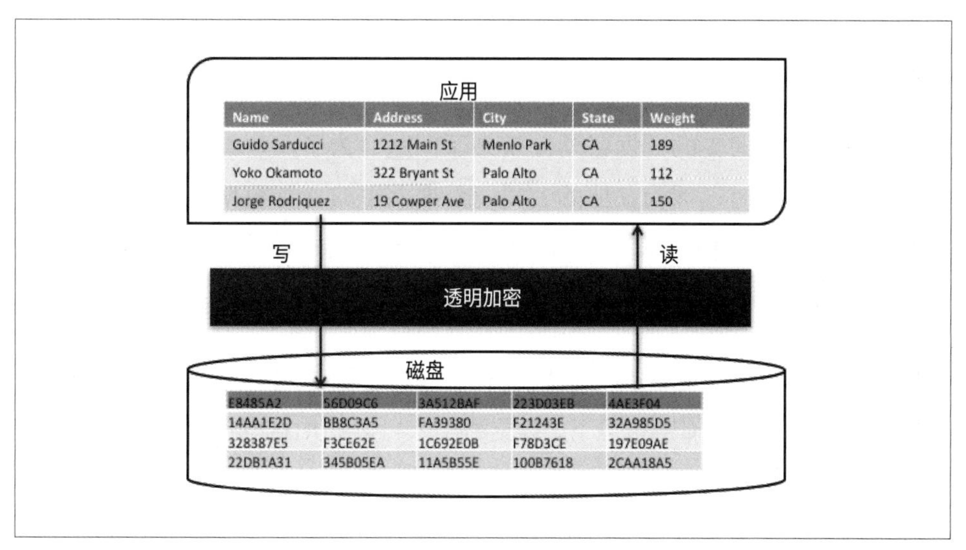

图 9-6：透明加密

但是，透明加密不会阻止对文件具有读取权限的分析人员查看敏感数据。为此，企业通常使用显式加密技术并可以为每一个值分别加密，如图 9-7 所示。虽然这可能看起来很简单，有许多开源加密函数和一系列提供加密的工具（来自 Dataguise、Informatica、IBM，Privitar、Vormetric 等众多供应商）可以使敏感数据完全不可用，如图 9-7 所示。

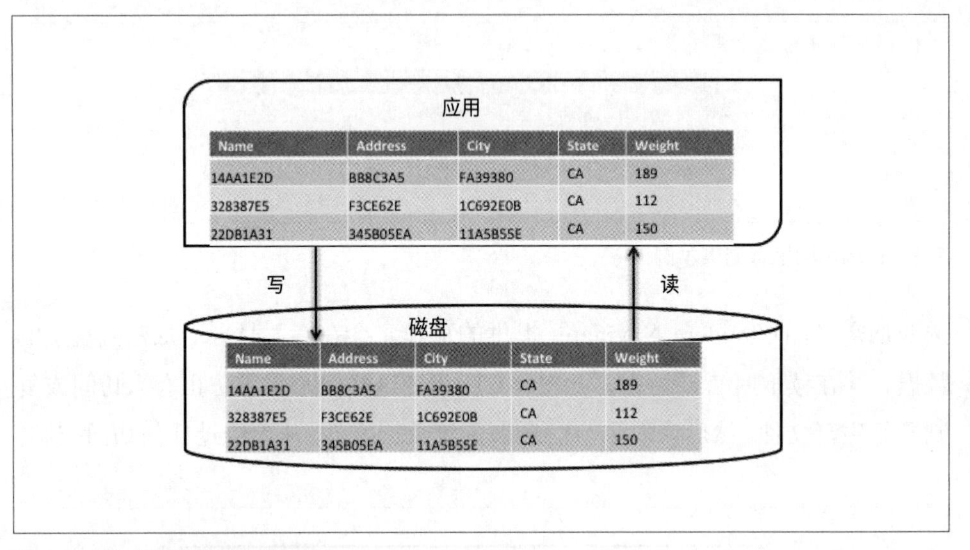

图 9-7：显式加密使数据不可用

这为试图使用数据集的数据科学家带来了问题。为了写这本书，我采访了一位数据科学家，他告诉我在他的公司，数据湖中的所有数据都是加密的，除非有人能证明某些属性不敏感。数据科学家并不认同这种做法。正如他所说的，“如果我找不到或无法查看属性的值，我怎么能证明它不敏感？”

即使只加密真正敏感的属性，也同样存在问题。因为这些属性往往包含了一些重要的信息。在未加密状态下，数据科学家可以利用这些信息来调优模型。例如，在包含人名但缺少性别信息的数据集中，通常可以从名字推断出性别。有时也可以从名字和姓氏中找出种族。如果名称已加密，则无法推导出任何此类信息。同样，虽然加密地址信息是必要的，但它会妨碍地理分析。为了在保护个人隐私的同时实现这些类型的分析，已经开发了一类“去标识”或“匿名化”技术。这些技术用随机生成的值替换敏感信息，这些值保留了原始数据值的重要特征。例如，特定姓名可能会被反映相同种族的随机姓名替换，特定地址可能会被 10 英里半径内的其他有效地址所取代，如图 9-8 所示。

同样，包括 Dataguise、Privitar、IBM InfoSphere Optim 和 Informatica 在内的多种工具都提供了这类功能。

Name	Address	City	State	Weight
Guido Sarducci	1212 Main St	Menlo Park	CA	189
Yoko Okamoto	322 Bryant St	Palo Alto	CA	112
Jorge Rodriquez	19 Cowper Ave	Palo Alto	CA	150

Name	Address	City	State	Weight
Paolo Babeno	223 Oak St	Menlo Park	CA	189
Aoki Ito	12 El Padre Ct	Los Altos	CA	112
Miguel Hernandez	211 Green St	Palo Alto	CA	150

图 9-8：数据脱敏

虽然在许多情况下混淆或加密敏感数据是一种有效的解决方案，但有时分析师需要访问真实数据。此外，即使没有敏感数据，大多数企业也会对数据访问进行划分，并仅按需提供。由于数据科学本质上是探索性的，因此很难预测分析师需要哪些数据。即使对于简单的分析，也可以通过了解有哪些可用的数据并访问它们来取得大量成果。严格管理权限具有非常高维护成本，而全开放方法不需要进行任何管理，作为折中，各公司正在转向自助访问管理。

数据主权与法规

为了遵守地区、国家和行业数据保护法规，需要收集越来越多数据集的相关信息，并存储在其元数据中。例如，为了遵守数据主权法规，需要知道数据集来自哪个国家，更重要的是，知道它包含哪些国家的公民数据。不该对每个物理数据集采取硬编码策略，而是可以灵活地添加策略，例如，添加不能将德国数据复制到欧盟之外的约束。

第 6 章中详细讨论的数据血缘也可用于追踪数据源的来源国家。图 9-9 展示了其工作流程。对于每个数据集，我们创建一个 Provenance 属性，用于存储数据集的来源。例如，对于源自美国的数据集，此属性将被设置为 USA。如果数据集是由多个数据集组合而成，则将所有的来源国家添加到 Provenance 属性中。因此，如果来自美国的 CRM 系统和德国的 ERP 系统的数据被加载到英国的数据仓库中，然后再加载到法国的数据湖中，则最终数据集的 Provenance 属性将包含 USA、Germany、UK 和 France。基于这些信息，我们就可以实施类似这样的策略：如果 Provenance 属性包含 Germany，则执行某些规则。

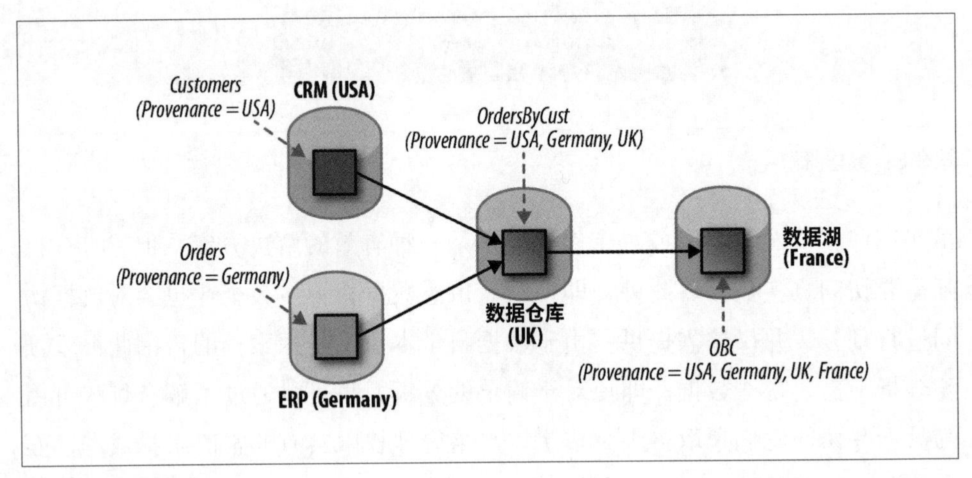

图 9-9：追踪起源

同样，第 8 章“技术元数据”中描述的概要分析可用于识别数据集中任何地址的来源。考虑图 9-10 和图 9-11 中的表格。第一个 Customers 表包含客户名称和地址，而第二个表包含特定国家或地区在 Customers 的 Country 字段中出现的行数。

然后，可以创建 Referenced Countries 属性，并且用 Country 列的概要值进行填充（理想情况下，以编程方式），并且可以开发一个策略。例如，如果数据集具有 Referenced Countries 属性并且包含 Germany 这个条目，则应该执行某些规则。这种方法使得可以遵守德国和中国等国家的数据主权法，这些国家禁止将其公民的数据转移到国外。

Customers (Referenced Countries= USA, Brazil, France, Spain, Israel, Germany, UK, ...)				
Name	Address	City	Province	Country
Mark Jones	W 1st St	San Jose	California	USA
Lisa Fernandez	12 Plaza Del Madre	Madrid	Madrid	Spain
Moishe Hogan	12 Golda St	Tel Aviv		Israel
Johan Hoffmann	5 12 Strasse	Munchen	Bavaria	Germany

图 9-10：增加国家来源属性

Country	Count
USA	1,233,221
Brazil	90,120
France	15,200
Spain	12,033
Israel	10,232
Germany	9,233
UK	6,233
...	...

图 9-11：每个国家的记录数

除了对数据来源的担忧之外，许多法规还要求限制特定数据集的使用。例如，GDPR 要求客户数据仅用于收集它的业务目的，被用于任何其他用途都需要获得明确的客户同意。所有这些信息都需要采集并存储在某个地方，以便在授予数据访问权时参考，数据目录是存储和管理这些元数据的理想之地。

自助服务访问管理

虽然主动和自动保护敏感数据是有意义的，通常也是政府法规要求的，但访问控制通常不仅限于敏感数据，还需要考虑组织中的哪些人应该访问哪些数据。例如，许多公司中，客户的产品支付价格仅对销售团队和管理层可见；即将推出的产品的工程设计也不会在项目团队之外共享等。正如我们所见，在创建新文件、将用户添加到数据湖、更改项目或更改职责时，可以主动管理此访问权限。或者，可以使用自助访问管理来按需完成。

数据湖会保留未确定用途的数据。一个显而易见的问题是，很难确定将来哪些人需要访问哪些数据，以及为什么需要访问。另一方面，如果分析师无法访问数据并且不知道它的存在，他们将永远无法找到并使用它。自助访问管理与数据目录相结合，通过使所有数据都可被查找来解决此问题。该系统将访问控制和数据屏蔽决策推迟到某人实际需要其项目数据的时候。该系统提供了几个鲜明的特征和好处：

- 分析人员可以检索（搜索和浏览）所有可供使用的数据集的元数据。
- 分析师可以向数据集所有者提交访问请求。
- 数据集的所有者决定谁可以访问、以什么方式访问以及访问多长时间。
- 能够跟踪所有请求、理由和授权行为以进行安全审计。

图 9-12~ 图 9-15 展示了一个自助访问管理和数据预置系统。步骤如下：

1. 数据所有者将数据资产发布到目录（见图 9-12）。此时，分析人员可以查找数据，但无权读取或更改数据。
2. 数据分析师在目录中查找数据集（见图 9-13）。由于分析师无法访问数据，因此必须对元数据进行搜索。这就是为什么拥有良好的元数据和业务级描述会如此重要，正如前一章所述。

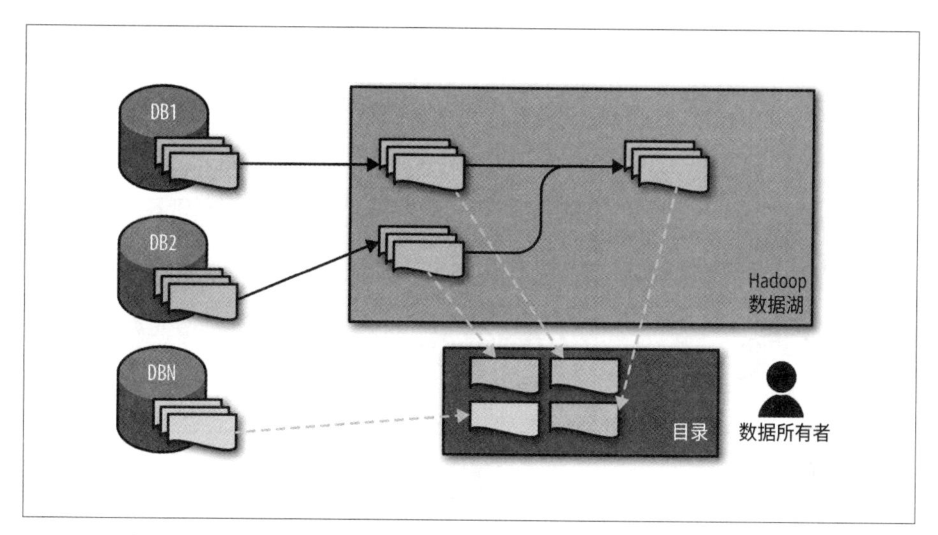

图 9-12：发布数据

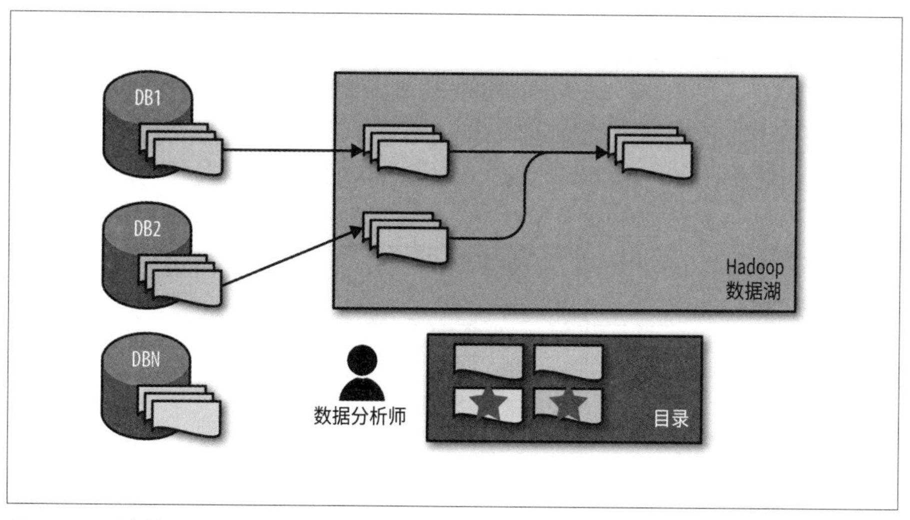

图 9-13：分析师寻找数据

3. 分析师向数据所有者申请访问权限（见图 9-14）。分析师可以使用目录查找数据但不能访问它，他们必须获得数据所有者的许可。这样，数据所有者就可以完全控制谁在使用数据并知晓原因。

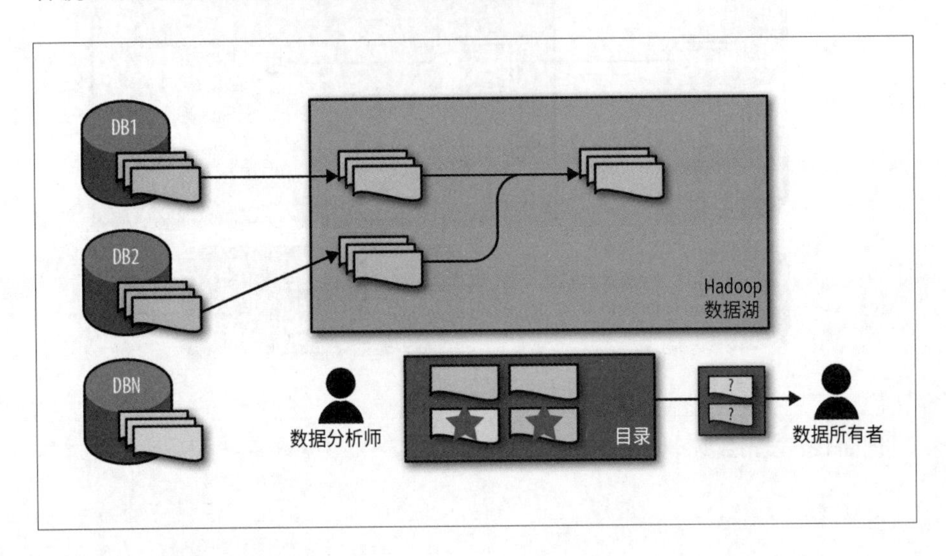

图 9-14：分析师申请访问

4. 数据所有者批准请求（见图 9-15）。

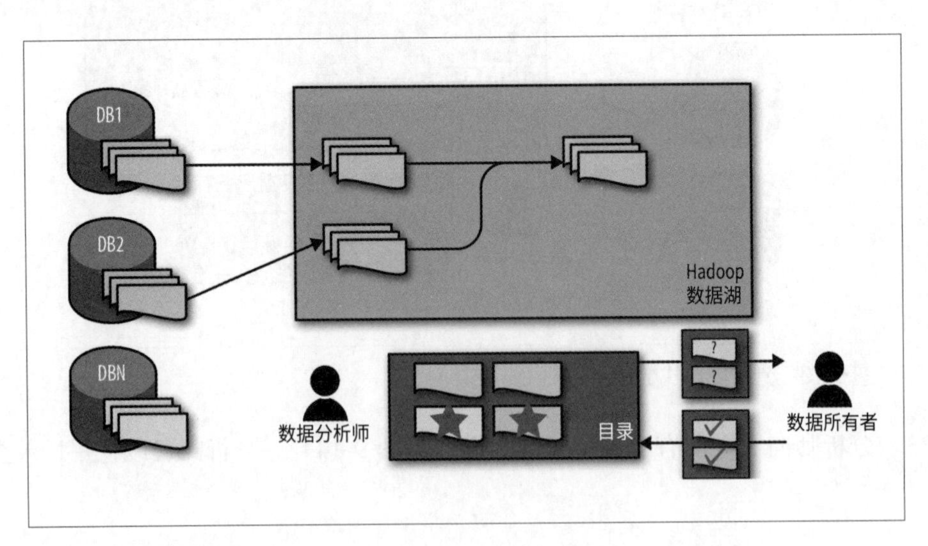

图 9-15：访问请求被批准

5. 向分析师提供（预置）数据集。这可以通过多种方式实现，可以让分析师访问源系统，也可以将数据复制到分析师的个人工作区（见图 9-16）。该过程中还可以进行数据脱敏。这里的关键是，只有当数据集被请求，并且有真正的业务理由时，才需要做这些事情。

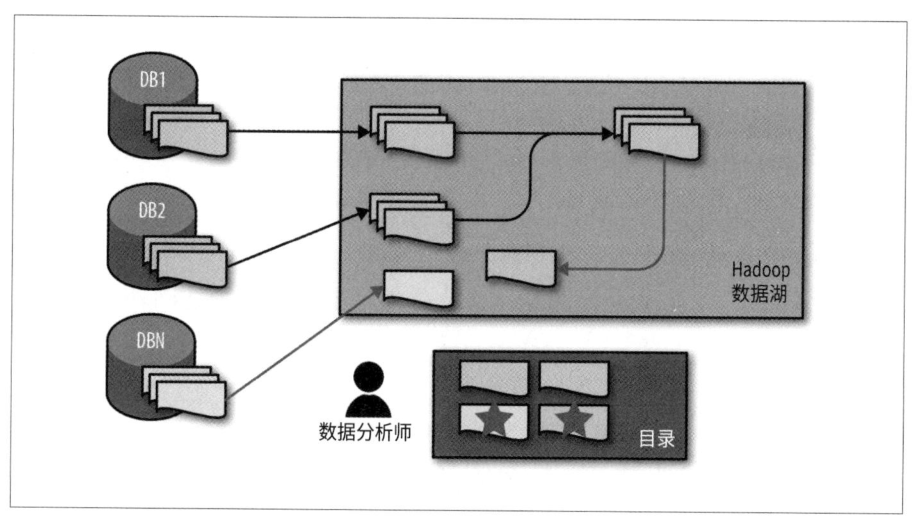

图 9-16：请求的数据集被预置到数据湖，并提供给数据分析师

这种方法有许多优点。我采访过的一家大型企业的 IT 主管这样描述：

> 人们害怕共享数据，除非他们能够确保其使用得当。通过赋予他们决定谁可以使用以及如何使用它的权力，我们为他们创建了一个安全共享数据的环境。在我们实施这种自助服务方法之前，获取数据需要在管理链上进行长达几个月的谈判。每个人总是要求他们想到的一切，以确保他们不必再次经历谈判所带来的痛苦和延误。这使得数据所有者不信任请求者的真实需求，并迫使他们建立严格的审查流程，要求请求者必须提供非常详细的要求和理由，这会增加更多的工作并导致更多的延迟。在这样的环境中探索数据几乎是不可能的。

通过自助访问管理，请求者可以研究目录中的数据集，并在他们发出访问请求之前弄清楚他们需要什么，因此请求数量更少，即便请求，所需的数据也要少得多，因为分析师已经对目录做了大量的探索，并发现了合适数据。最后，由于访问请求非常自动化，因此可以快速、直接地发起其他请求。

简而言之，这种自助服务流程使数据所有者可以控制谁可以使用数据，并使分析人员能够快速浏览数据集并获得访问权限。以往，管理所有数据集的权限会带来大量的维护工作，而项目结束后必然会有许多遗留权限问题，而通过按有效期进行授权的机制，这些问题都被解决了。使用自助服务方法，他们通过提交一个访问请求就可以快速恢复访问权限。

获得授权后，可以通过各种方式向分析师提供对数据的物理访问，具体取决于数据集的性质和项目的需求。授权的一种流行方法是为数据集创建外部 Hive 表。外部 Hive 表不会复制或更改数据集，只需要很小的计算成本进行创建或删除（因为它们只是元数据定义）。然后授予分析师访问外部 Hive 表的权限。

对于某些项目，分析师可能希望制作文件的副本或创建自己的 Hive 表（例如，让 Hive 使用不同的输入格式来解析和解释数据）。在这种情况下，可以为它们提供数据集的副本或授予对数据集本身的读权限。

预置数据

上一节介绍了优点，并概述了自助数据访问。数据预置是建立数据湖的重要部分，值得深入讨论。它由四个步骤组成，如图 9-17 所示。

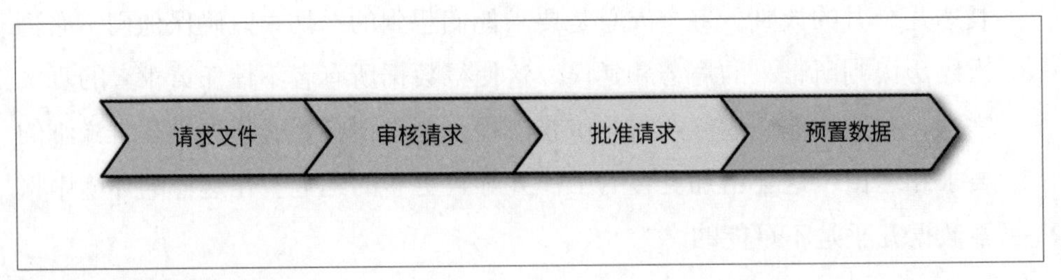

图 9-17：数据预置步骤

第一步由想要访问数据集的分析师完成。该请求通常描述以下内容：

- 需要什么数据（哪个数据集以及是否需要整个数据集或数据集的一部分）。

- 谁需要访问权限（需要访问数据的用户或组列表）。
- 项目（需要数据的项目）。
- 访问的业务理由（为什么需要数据）。
- 需要多长时间（可以访问的持续时间）。
- 如何提供数据（用户应该直接访问数据，还是复制到指定的数据库或数据湖）。

如果要复制数据，请求还应指定：

- 应放置数据的位置。
- 是私人副本还是可以共享。
- 是一次性快照还是应该保持更新。
- 访问到期后，应该保持更新还是删除。

该请求通常通过 ServiceNow 或 Jira 等标准案例跟踪系统提交，或使用 Pegasystems 或 Eccentex 等 BPM / 工作流 / 案例管理系统。跟踪系统将请求路由到数据所有者或管理员。在某些情况下可以进行自动批准，例如，如果请求者在某个组中，则可以自动予以批准。但如果需要将数据复制到其他地方，则可能需要目标系统的管理员在请求上签名。

逻辑也可能变得更复杂。例如，如果请求者可以访问源系统中的数据但希望将其复制到某个位置，则只需要目标管理员批准该请求。相反，如果请求者只要求访问共享副本并且数据已存在于目标系统中，则只需要源数据管理者批准，因为不需要目标系统提供额外存储。

跟踪系统还提供单点访问和审计能力，因此公司记录了谁在使用什么，以及用于何种目的。这不仅仅是良好的数据安全策略，而且通常也是 GDPR 等外部法规的监管要求。

由于数据是从其他地方复制的，因此大多数情况下不会修改所请求的数据，而是用于创建新的数据集。因此，在多个请求者之间共享此数据非常有用。只要还有任何用户在请求数据，数据都会被复制到预定义的位置（通常位于原始区域）并保持更新。

让我们来完成一个预置方案。想象一下，我们有一个数据仓库，其中包含一张名为 Customers 的表，在图 9-18 中 Customers 表显示为一个小矩形。名为 Fred 的用户在 6 月 1 日 ~8 月 5 日期间通过数据湖中的共享副本请求访问该表。

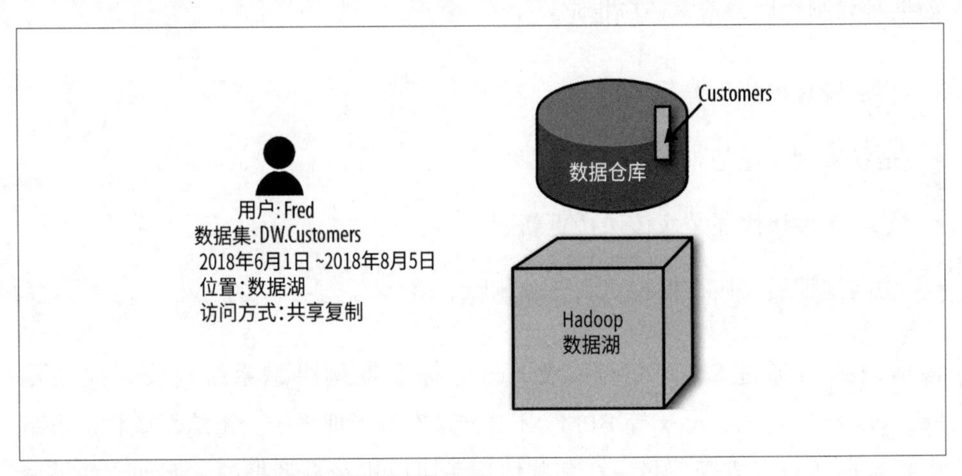

图 9-18：用户请求数据仓库中数据集访问权限

假设请求被批准，表将于 6 月 1 日被复制到临时区域中的特定路径下，如图 9-19 所示。表中的所有数据将被复制到名称与日期相匹配的目录中。

第二天，只有自初始复制以来发生的更改才会被复制到新目录。它的名称将反映该日期（在本例中为 6 月 2 日），如图 9-20 所示。

数据更新会持续至授权批准期限 2018 年 8 月 5 日为止。

现在，假设另外一个用户 Mandy 申请同一张表从 6 月 15 日 ~7 月 15 日的数据访问权限，如图 9-21 所示。

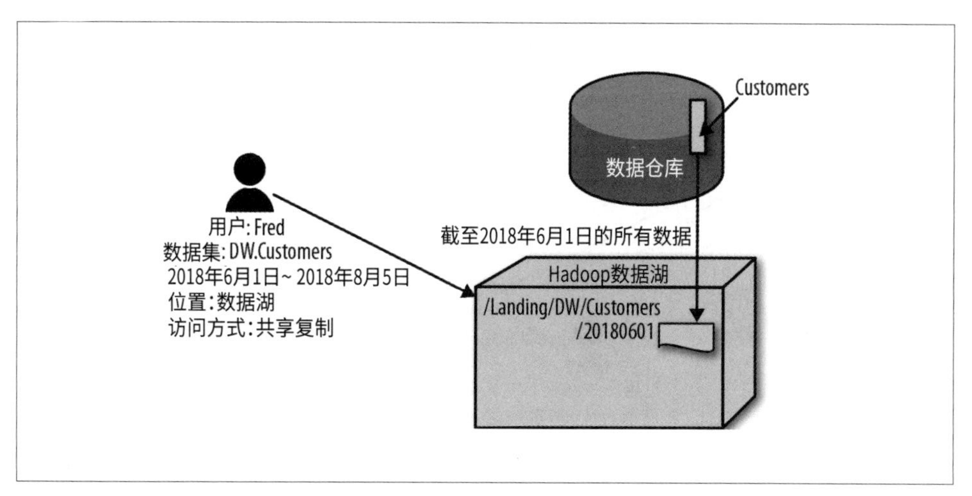

图 9-19：数据集被置入数据湖

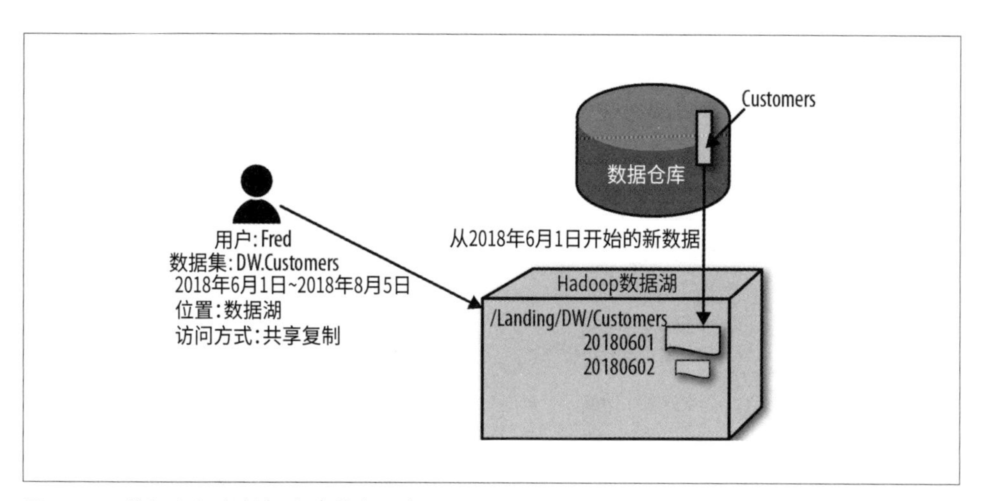

图 9-20：数据湖保存数据仓库最新更新

如果她的请求获得批准，Mandy 将于 6 月 15 日 ~7 月 15 日期间，可以访问 */ Landing/DW/Customers*，也就是 `Customers` 表的共享副本，如图 9-22 所示。

7 月 15 日之后，Mandy 的访问许可到期，Fred 又成为该数据集的唯一许可访问者，如图 9-23 所示。

直到 8 月 4 日，Fred 一直能访问该数据集，该数据集将持续更新，如图 9-24 所示。

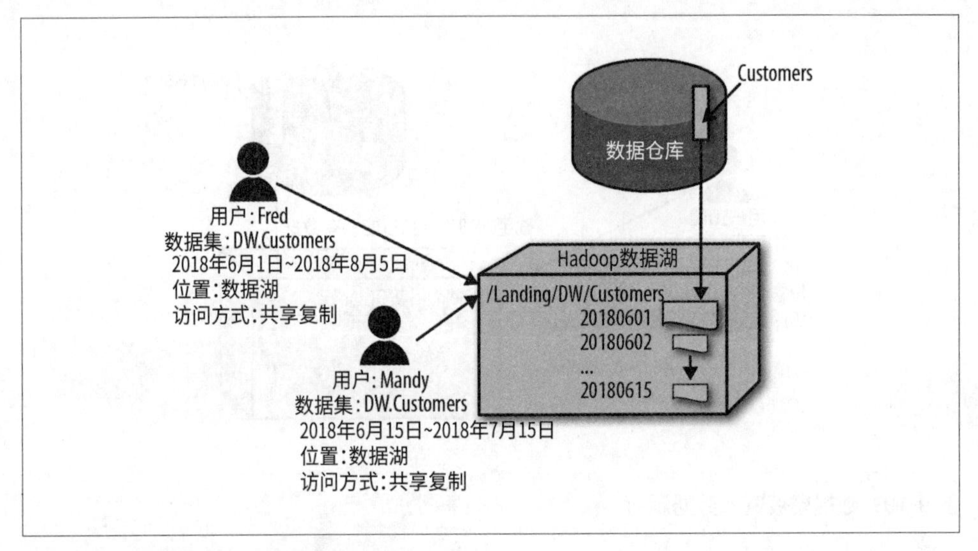

图 9-21：其他用户申请相同数据集

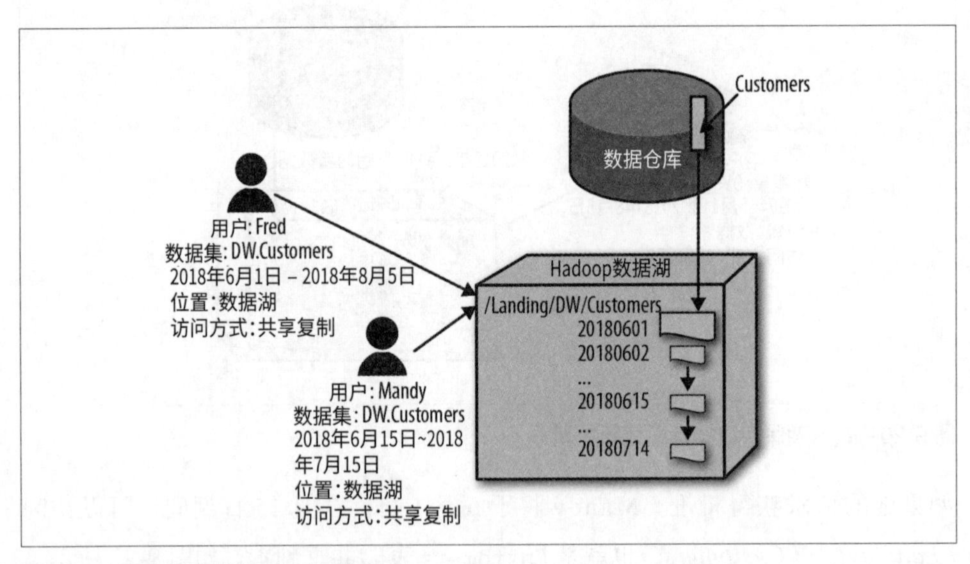

图 9-22：两个用户共享同一份拷贝

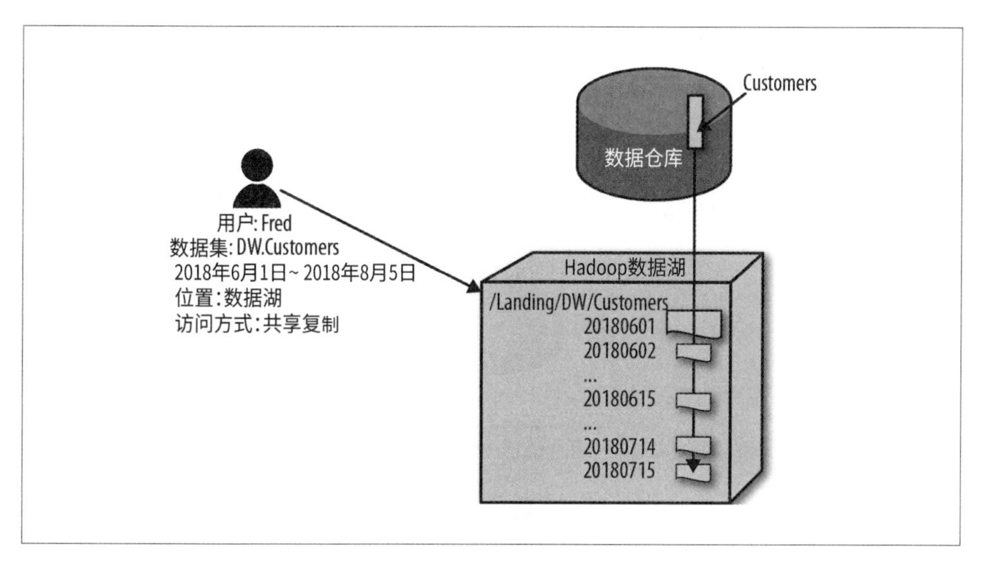

图 9-23：一个用户访问授权到期后，仅剩一个用户能够访问数据集

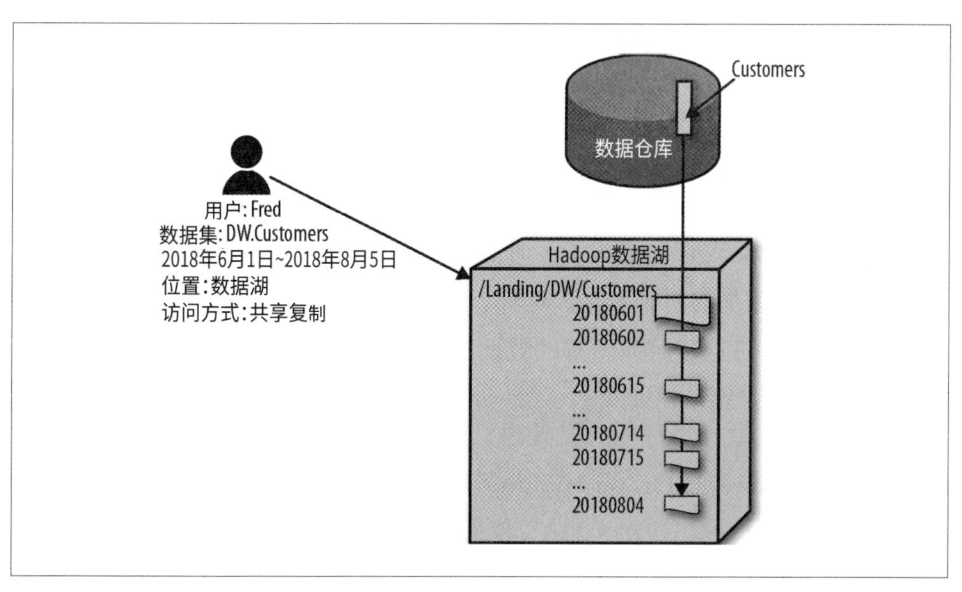

图 9-24：只有用户使用，数据集将一直保持更新

然后，在 8 月 5 日，Fred 的访问权限过期，此数据集将没有任何许可用户。更新将停止，直到又有新用户请求访问，如图 9-25 所示，或者系统可能会以较低的频率（例如，每月）继续更新它。

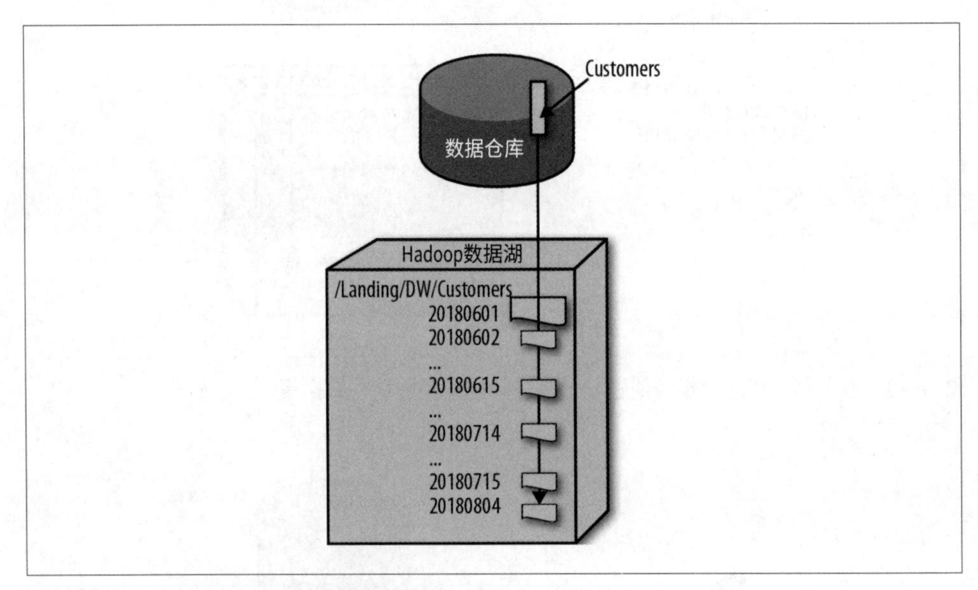

图 9-25：无用户使用的数据集将停止更新

如果新用户请求此表，它将同步 8 月 5 日（更新停止时）和访问请求日期（8 月 15 日）之间添加的所有数据。这样，在 8 月 15 日对应的文件中，将保存 8 月 5 日 ~8 月 15 日这段时间所有的数据更新，如图 9-26 所示。

在某些场景下，最好将每天的批处理结果保存在为该日期命名的单独文件夹中。这有助于 Hive（SQL on Hadoop）等工具在查询时进行分区裁剪。在这种情况下，全量数据仍然在 8 月 15 日加载，但是会为每一天创建一个单独的分区，如图 9-27 所示。即使 8 月 15 日会加载全量数据，但每天的更新（例如，基于修改时间）都存储在单独的文件夹中，8 月 6 日的更新进入 20180806 文件夹，8 月 7 日的更改进入 20180807，依此类推。

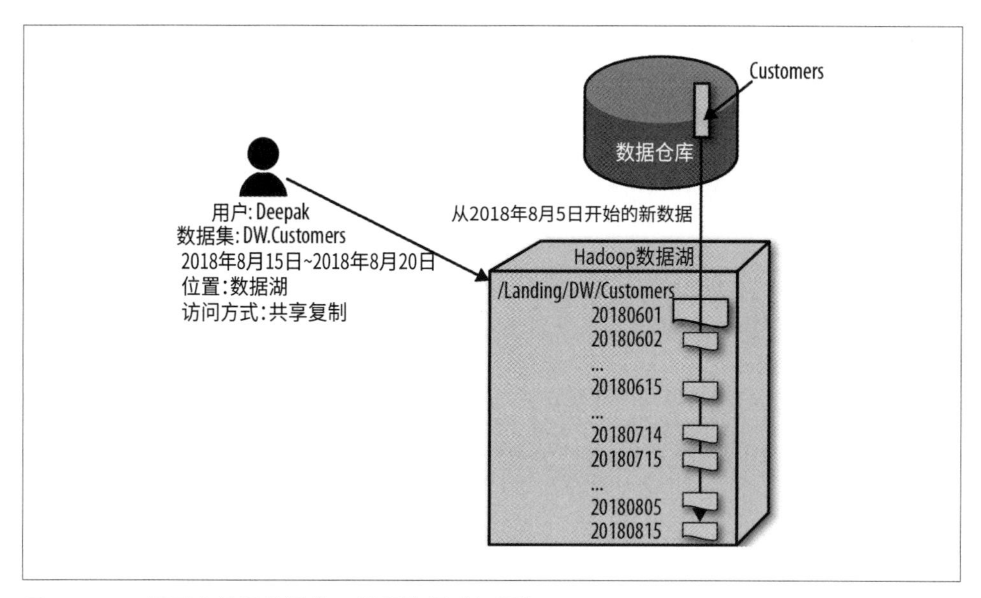

图 9-26：一旦用户访问数据集，数据集便进行更新

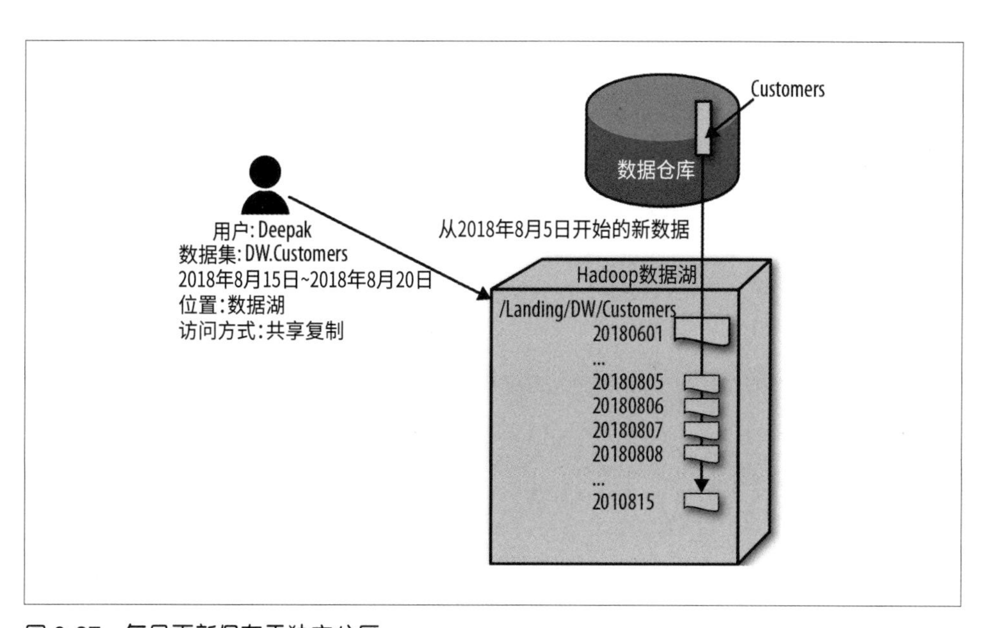

图 9-27：每日更新保存于独立分区

小结

访问控制是数据湖最重要的方面之一。通过结合自动化、按需自助授权技术和主动敏感数据管理，你的组织可以对大量快速变化的数据集进行高效的、有效的访问管理。

第 10 章
行业案例

本章包含了来自不同行业的数据专家关于实施数据湖的短文。其中一篇需要匿名发表，因为作者不能透露其工作经历，而其他均为实名发表。通过与实践者的多次讨论，我收集了成功实施数据湖的最佳实践和特征，本章接下来将从行业的视角进行阐述。其中每篇短文都由不同的行业专家撰写，它们解决以下部分或全部问题：

为什么采用大数据湖？

　　这些短文概括了促使不同行业采用大数据湖的一些主要原因。

为什么是现在？

　　是什么改变了，使得这些方案变得可行？ Hadoop、大数据、数据科学或数据湖是如何打开局面的？

未来会发生什么？

　　作者在哪里看到各行业正在接受大数据和数据分析？数据将如何改变这些行业？

首先，你将听到 Jari Koister 的观点，他在 FICO 从事金融服务领域的高级分析，并在伯克利教授数据科学。Jari 的短文侧重于改善业务成果。下一篇短文来自

Simeon Schwartz，重点介绍在 Schwab 和其他大型金融服务组织中使用大数据进行管理和合规检查相关实践。

接下来，你将听到来自一家大型保险公司的大数据主管的叙述。随后是芝加哥市和芝加哥警察局分析主管 Brett Goldstein 撰写的一篇关于智慧城市的短文。

最后，你会听到 Opinder Bawa 关于数据分析在医学研究中的应用，他是旧金山大学的 CIO、加利福尼亚大学和旧金山医学院的前 CIO，也是波士顿市医院的 CTO。

还有很多其他的例子和故事，但我觉得上面这些已经提供了足够广泛和全面的视角。

金融服务大数据

Jari Koister 目前是费埃哲 (FICO) 公司负责决策管理软件（DMS）的副总裁，该软件帮助金融以及相关行业人员创建和管理各种分析和优化驱动的解决方案。Jari 领导产品的战略、计划、执行和研究，同时他关注高级分析和人工智能领域的研究，并将这些研究成果应用到 DMS 中。DMS 的目标是使 FICO 和 FICO 客户的解决方案成功实施并具有竞争力。此前，Jari 曾在 Salesforce.com、Twitter 和 Oracle 领导产品和工程团队。他曾经还在爱立信和惠普实验室领导研究团队。Jari 拥有瑞典皇家技术学院的分布式系统博士学位，是加州大学伯克利分校数据科学专业的教授。

消费者、数字化和数据正在改变我们所熟知的金融行业

金融和银行业正在经历着一波浪潮。消费者期待着新的互动方式，数字

银行业务正在扰乱许多细分市场，欺诈风险在增加，在传统市场之外发展业务面临着压力……这类变化还在继续。与此同时，风险管理正在逐渐成为金融机构关注的核心以及日益重要的战略领域，并且越来越多的监管措施可以保护消费者免受无差别决策和曝光的风险。所有这些都推动着现有公司进行巨大的变革，也为新进入者创造了机会。

消费者期望更多，有更多的选择，并且比以往了解得更清晰。他们接收到比过去更多的信息，他们信任同龄人。消费者更容易找并获批使用新产品，如信用卡。他们通过多种渠道与银行互动，无论使用哪种渠道，他们都期望有丰富的功能和及时的响应。他们周游世界，希望银行能够快速满足他们的需求，而不是制造麻烦。他们了解并比较产品和服务。千禧一代和所谓的“under-banked”等群体并不只是大银行的客户，也向新的替代者们敞开了大门。

与此同时，银行业正走向数字化。用户希望能够在线完成大多数业务，而不必真正走进一家实体银行。也就是说，他们希望使用数字媒体来获得和银行人工服务相同甚至更快的响应能力。他们希望能够上网申请信贷、交易股票、存款、取款或转账。客户希望得到良好的服务体验，否则他们将转投其他银行。数字化也改变了银行的市场营销和消费者触达方式。数字营销和口碑变得更加重要，而实体银行则变得相对次要。

新的用户期望和数字银行浪潮要求银行重新思考他们提供服务的方式。这也迫使他们重新思考如何减少日常开支，如何消除消费者互动中的摩擦。服务性质以及服务方式的变化，也使银行面临越来越多的欺诈。例如，在线贷款审批需要新的方法来识别客户，需要视网膜扫描、在线指纹或图像识别来确保在线贷款接收者身份的真实性。

获得银行服务，甚至提供银行服务，也受到了诸如移动支付、区块链等新技术以及国家政策的影响。国家政策在快速发展的国家中尤为常见，比如印度。印度要求使用被称为 Aadhaar card 的通用国民身份证和名为 IndiaStack 的金融服务构建 API，旨在减少欺诈。

新的和扩展后的各类数据可以更有效地分析市场和客户的特征和需求。这种分析使银行能够在保持自身低风险水平的同时，为消费者提供更具吸引力的服务。

新业务的竞争也推动金融服务为更多的消费者提供服务，包括那些以前无法服务的消费者。这些消费者可能缺少一些背景数据，这些数据一般被认为是有效客户必须提供的。从历史上看，那些没有提供“必要的”数据（从而导致例如无法计算信用评分）的人，将被视为存在不可接受的风险而不能享受信贷或贷款服务。但借助新的数据来源和新的预测模型，银行可以计算出其他分数，使它们能够以可接受的风险和盈利能力向这些客户提供服务。

这些例子说明了，为什么风险分析对金融机构越来越重要，越来越具有战略意义。它们对于管理投资组合、信贷风险、货币风险、操作风险等相关的风险至关重要。金融机构通过使用新的风险评估模型和新的数据来源，更积极地管理风险。通过创建新模型，他们可以增加收入，降低成本，降低风险并提高效率。

银行业和金融业的新时代需要更广泛、更好的数据源，而在大数据和分析时代，新数据源的出现使之得以实现。它推动了数据孤岛的消失以及组织内数据民主化访问的出现。数据湖的概念在这一演变过程中起着核心作用，数据湖的价值体现在组织将数据和洞察转化为更好决策的能力。

拯救银行

刚刚提到的这些变化给已存在的银行带来了许多威胁，同时也给新来者和颠覆者带来了机遇。如图 10-1 所示，数字银行业务既受到外部影响，也受到内部影响。

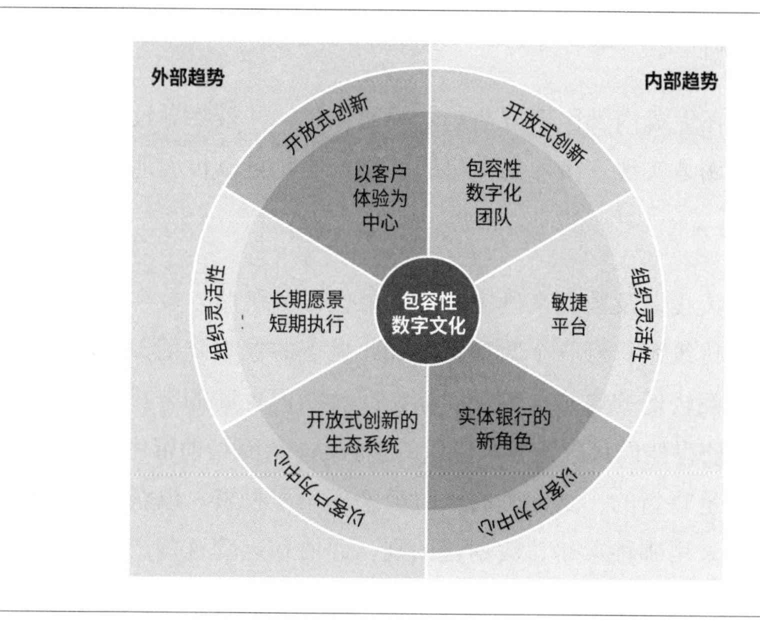

图 10-1：数字文化的两个方面

外部因素要求银行大幅改变消费者体验。客户生命周期内的各个方面都必须越来越以客户为中心，包括如何获客、如何使客户活跃和留存。银行必须对外部因素保持开放态度，设计和执行灵活的战略，以便灵活地适应技术和客户需求的变化。

这些外部因素反过来又推动了内部需求。改变银行的外部感知需要有数据敏感的创新文化，这种文化依赖于强大的、可扩展的体系结构和复杂的技术。它需要更灵活和适应性更强的方法来升级概念、产品和服务。随着市场的变化，银行必须改变，新产品必须在几个月或几个季度内推出，而不是几年。

随着与客户的互动发生变化，实体银行的作用也随之改变。在极端情况下，实体银行已经过时，因为客户开始使用数字设备进行交互，例如通过用手机摄像头扫描支票来存款。而在另一些模式中，实体银行仍然很重要，例如市场营销和高端服务（如私人银行业务）。

当然，数据在促成内部因素方面起着关键作用，并最终导致外部因素的变化。数据湖是实现许多所需变化的机制，因此可以极大地影响银行的业务战略。

通过自动化流程以及数据来确定客户的最佳服务策略，数字银行的运营成本可以比传统银行低一个数量级。如此显著的成本降低，可以使机构为传统上利润较低的客户提供新产品，同时获得更高的客户满意度。较低的成本还使得他们可以为客户提供的新收益，从而帮助留住这些客户。另一种方法是将新的、更细微的风险模型应用于投资，以获得可持续的利润。无论采用哪种策略，数据在识别、评估和运营这些产品方面都发挥着本质的作用。

数据湖有多种发展策略，它可以始于几个中央数据集并逐渐增长，也可以从第一天开始就进行广泛的数据集成。一些金融机构的做法可能相对保守，而另一些则不然，它们会将能获取到的任何数据都放入其中。有些可能以更为慎重、渐进和谨慎的方式引入变更，而另一些则会大胆地打破组织的运作方式。造成这些不同节奏和策略的原因各种各样，有些是因为无法快速地改变文化，有些是因为希望在利用新机会的同时保护当前的核心业务。一些金融机构，如桑坦德银行（Santander）及其全资在线子公司 Openbank，对其现有业务采用渐进式策略，但在一个新兴部门中实施了颠覆性的策略。

图 10-2 说明了数字化转型的各个阶段。

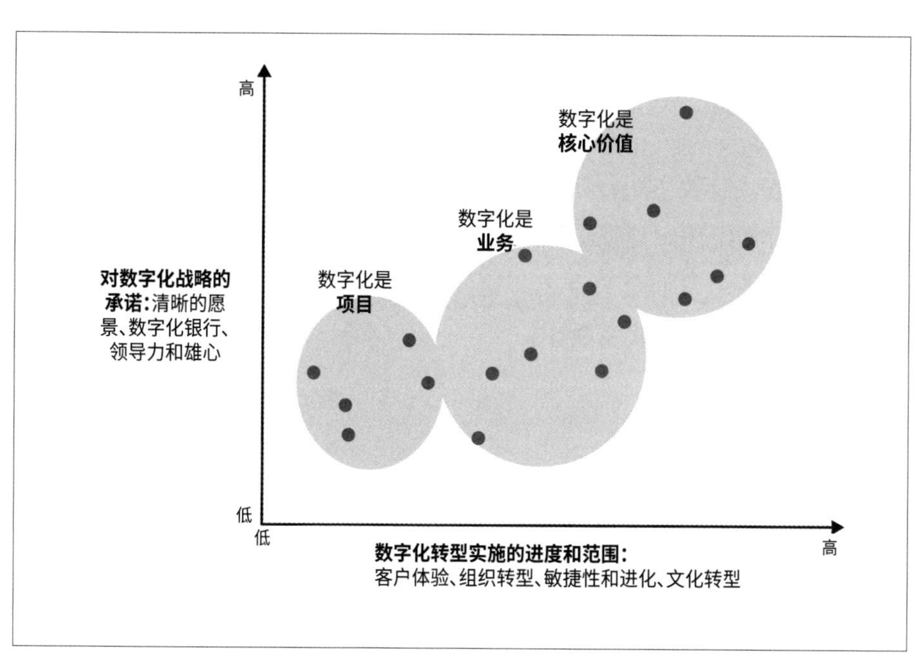

图 10-2：数字化战略和执行的成熟度

与此同时，随着欺诈者数量的增加和欺诈成熟度的上升，欺诈行为也在增加。虽然交易欺诈总体上由于技术进步（如有芯片卡）而下降，但其他类型的欺诈仍在上升。随着在线商务的普及，身份欺诈正在增加。随着新的资金转移方式的出现，反洗钱活动越来越受到关注。总而言之，新型的欺诈正在迅速地形成。他们需要通过快速开发新的欺诈检测和预防方法来解决。在开发这些方法时，需要利用更多的数据和新技术。

同时，欺诈检测需要对消费者更加友好。在识别信用卡或身份欺诈时，误报会严重影响客户体验。谁希望在国外刚吃完饭后，被告知因为信用卡锁定而无法支付费用？同样地，如果由于被怀疑身份欺诈，而导致客户被数字银行拒绝服务，也可能会引发非常负面的宣传报道。

数据有被不当使用的风险，这可能是故意的，也可能是由于数据中的错误或疏忽无意造成的。GDPR 等新法规旨在保护消费者。虽然金融机构希望利用其可用的数据来优化产品并做出自动化决策，但它们还是需要遵守这些新法规。

最根本的是，向数字银行转型导致出现了新的服务类型，对于提供金融服务的银行或组织，这既是风险也是机遇。数据对于有效地创建和管理金融产品的各个方面至关重要。这涵盖了数字营销、风险分析、产品风险优化、高效支付收款和欺诈。

新数据提供新机遇

可用的新数据使银行能够从客户需求和风险角度为客户量身定制产品。这些复杂的解决方案以数据为驱动，权衡了诸如风险、客户需求、盈利能力和市场份额等多个方面。这是双赢的，因为消费者可以获得有价值的服务，而银行也有了新的收入来源。

通过采用新的方法来处理身份识别和欺诈，银行可以提供数字化的贷款申请和信贷服务，从而提高处理速度和客户满意度。客户可以在线完成申请而无需访问实体银行。符合贷款条件的申请会在几分钟内获得审批，并且资金通常会立即到账。

信用评分是确定消费者是否会偿还债务的最常用方法。从历史上看，计算信用分需要用到付款历史记录、未偿债务报表、最近信用查询历史记录等。银行工作人员将进行彻底地分析，以确定风险和盈利水平。具有确定信用分（例如 550 或 710）的消费者的风险是很容易理解的。但现在，银行希望将分数的应用扩展到更广泛的人群，而这些人群缺乏足够的传统信用评分数据。这被称为“金融包容性问题”，它不仅仅是发展中国家存在的问题，在美国也同样存在。如图 10-3 所示，3.25 亿美国人中有 5500 万人无法获得评分，因此无法正常享受银行服务。他们最终需要为基本的日常金融服务支付更高的费用，包括支票兑现、通过信贷购买大型消费品等。

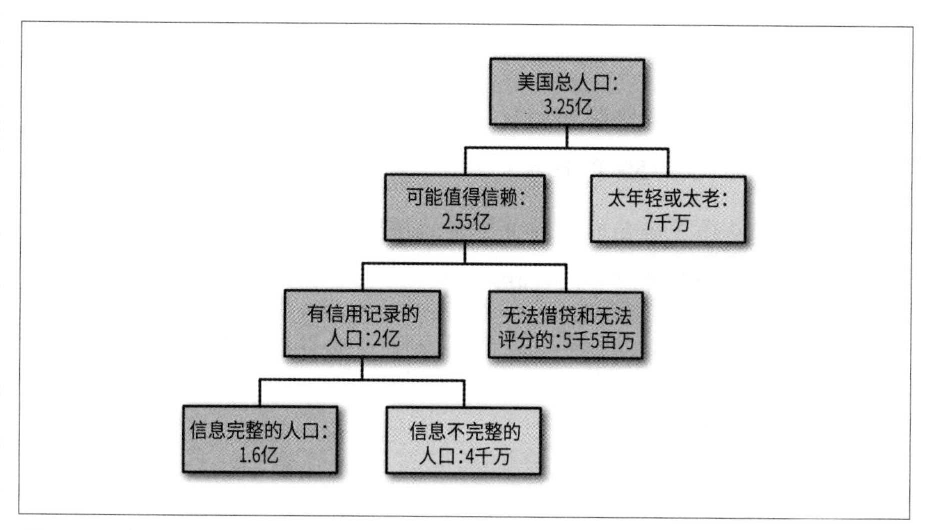

图 10-3：银行服务人群分类

在印度等其他国家，使用传统方法无法进行信用评分的人口占比更大。在美国这一比例约为 17%，而在印度约为 19%，即 2.5 亿。此外，印度还有另一大部分人口（约 7 亿人）没有被视为信贷的目标用户。我之前提到过 Aadhaar，它的目标正是让更多的人参与到金融系统中。为了能够向这些庞大的人群提供信贷，银行正在考虑额外的数据来源，包括账单支付数据以及非金融数据，如社交网络、移动数据、零售采购、教育和公共记录，从而计算信用度。此类计算需要对各种数据源进行整合和分析，并将分析结果应用于信贷审批流程。在收集、集中存储和使用这些不同类型的数据时，也存在着严重的隐私问题。

更多的数据和更多样化的数据使分析师能够显著改进这些风险模型。一般而言，许多改进和策略都依赖于使用了众多的数据源。在这些数据源中，其中一些可能是新加的，而另一些以前未曾使用或未充分利用。在任何大规模使用数据以向全球更广泛人群提供金融服务的系统架构中，数据湖都是其中重要的组成部分。

风险分析的主要好处包括[注1]：

- 通过引入风险差异化服务和有针对性的营销活动，提高了收益。这通常可以增加5%~15%的收入。
- 由于从风险和政策角度进行更有效的预筛选，降低了销售和运营成本。这可以将生产率提高15%~50%。
- 通过风险聚类和预警系统降低了风险。这往往会使贷款损失减少10%~30%。
- 通过更好地校准和改进模型来提高资本效率。这些通常可以减少10%~15%的高风险资产。

金融机构希望了解他们的客户在做什么，包括在它们提供的所有服务以及其他服务上。它们需要一种被行业观察者称为客户360度全景的产品（见图10-4）。这可能需要追踪用户的财务往来、财务状况、购物、电子邮件消息、通讯录、社交媒体以及任何其他可被追踪的交互。通过更全面地了解客户活动，公司可以提供更好的营销、更好的服务和更好的客户体验。这种观点自然会涉及许多数据源，并要求银行和金融机构打破目前存在的数据孤岛。数据湖正是实现数据共享、有效管理数据并同时遵守相应法规的技术基础。

然而，这些服务容易受到新型应用程序欺诈的攻击。银行可以通过可用的数据和算法来实现人脸、指纹甚至语音识别等反欺诈技术。如果没有新的反欺诈措施，此类服务的收入可能会因此全部损失。

注1：参考Rajdeep Dash等的“Risk Analytics Enters Its Prime”，McKinsey & Company, June 2017。

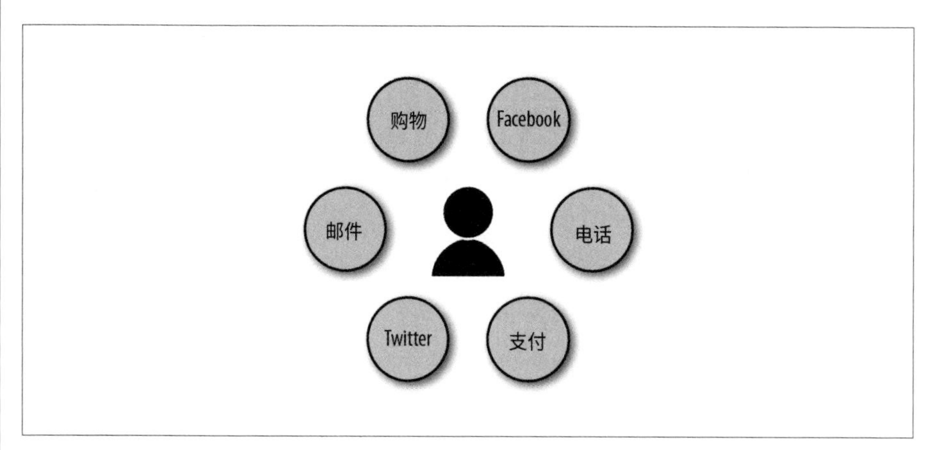

图 10-4：客户 360 度全景

使用数据湖的关键过程

以上内容概述了银行和金融服务的一些关键方向、机会和风险。拯救银行和寻找新机会背后有一些共同点。两者都依赖于可用的数据以及对它的复杂使用，并依赖于传统金融机构没有使用的数据源。银行以前在有效利用个人孤岛数据方面做得非常出色，现在它们需要将数据整合在一起，并使用多个数据源来有效实现目标。不管承认与否，许多银行实际上正在创建数据湖，或至少正在通往创建数据湖的路上（正在创建大型的数据池）。

许多金融机构拥有大量的孤立数据源，将它们整合到一起是项艰巨的任务，这可能需要在没有相应收益的情况下投入大量的成本。金融业非常熟悉“决策”的概念。决策最终会影响客户享受到的银行服务，如增加信贷额度、批准贷款和发放贷款。决策通常对银行的收入和风险影响很大，但它们可以被优化、A/B 测试、跟踪和管理，挑战在于需要通过处理来自数据湖的不同数据来高效地做出决定。

银行对此采取了许多不同的方法。有些明确地创建数据湖来处理复杂的数据问题，有些则让各个数据池独立发展，希望在以后的某个时候将它们组织成数据湖。另外，有些人只是认识到他们需要数据，但对于如何从孤立的数据集合中获得利润的更好决策，他们可能没有明确的策略。

要将数据湖从不可用的状态变为可以基于它来做决策，我提出了三个主要部分。这项建议并不是革命性的，它将一组无组织的、通常很难被理解的数据转变为已编目的、整合的数据，从而使它可被用于数据科学、数据整理和最终的运营决策。数据科学和整理有助于在迭代周期中为决策准备数据。关键是编目和决策开发的集成，它使得可以轻松访问、识别、检测和跟踪数据。

图 10-5 强调了这种数据湖解决方案的中心架构。显然，组织需要从使用中的所有数据源采集和检索数据。我认为成功地为决策准备数据需要以下三个部分。第一个是数据清单和编目，第二个是实体解析和模糊匹配，第三个是分析和建模。

数据清单和编目

第一步是识别数据、自动发现 schema、匹配字段、确定和跟踪血缘等。它提供了数据湖中所有数据的概要图。它还帮助组织和理解数据，以便能够有效地发现和处理数据。

连接不同的数据源是从数据湖中提取价值的重要步骤之一。然而，不同数据集未必拥有一个可用于连接的主键。相反，很可能并没有这样的主键，我们需要找到解析实体的其他方法（用于识别同一实体，例如，所有数据源中的同一客户）。这是下一个阶段的任务：实体解析和模糊匹配。

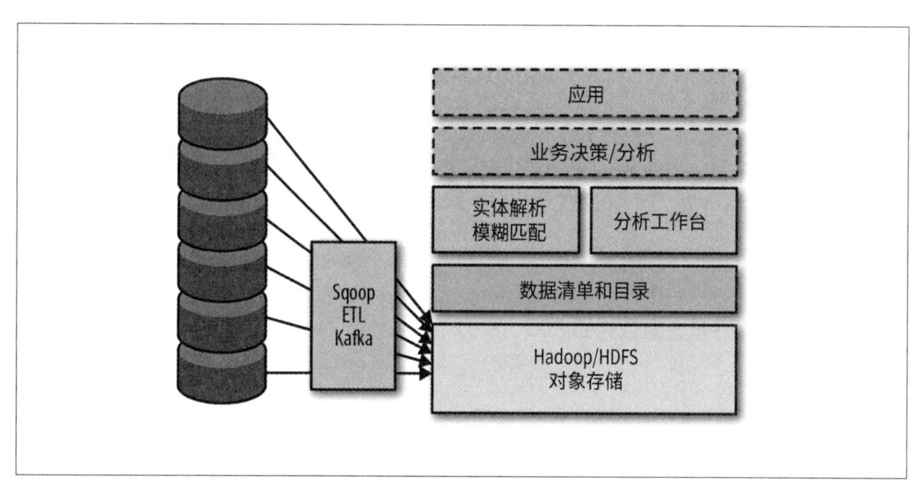

图 10-5：数据湖支撑了数字银行的分析和决策

实体解析和模糊匹配

让我们举一个拥有三个数据源的例子，这三个数据源中的记录并没有使用公共的主键。每个数据源记录了一些用户行为，可能一个是网络活动，一个是电子邮件活动，另一个是销售点交易。在不同的数据源中，用户记录使用不同的方法进行标识。它们甚至可能使用不同的地址或拼写错误的地址，使用昵称或故意混淆的名称，提供不同的电子邮件地址等。

图 10-6 将这些数据源描述为三个独立的事件时间线，这些事件在某个时刻可能会导致购买，也可能不会。目标是通过识别属于同一消费者的事件来创建一个组合的时间线，即使数据不同、不完整或错误。因为我们有了更多的相关数据可以帮助改进模型，这个合并的时间线将帮助我们创建更精确的预测模型。

实体解析和模糊匹配可以为不同数据源之间的数据建立映射关系。我相信这种映射关系是从数据湖中提取价值的关键。

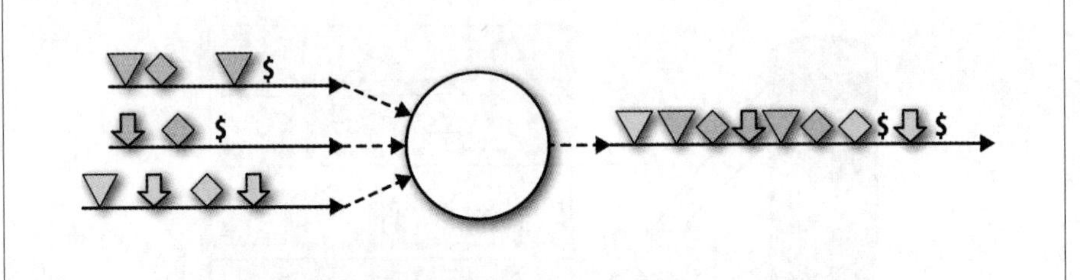

图 10-6：从独立的多通道数据到 360° 视图

分析和建模

强大的分析工作台必然是发挥数据湖优势的关键组件，利用这个工作台可以进行数据整理、结构化和非结构化数据探索、大数据集查询以及机器学习。建模和实现决策的体系架构不在本文的讨论范围之内，但这里介绍的基础是金融机构为运营决策做好准备的一种方式。

数据湖为金融服务领域带来的价值

Simeon Schwarz 是 OMS National Insurance 的数据和分析总监，以及 Charles Schwab 分布式数据服务的前任总经理。他为关系型、半结构化（NoSQL）和大数据产品相关领域的数据和数据库技术提供支持。在加入 Schwab 之前，Simeon 曾担任 Centerpost Communication 的运营副总裁，并开始了数据管理解决方案咨询业务。

在应对当前诸多挑战时，金融行业可以以很多方式来使用数据湖，以帮助提高服务质量和收入水平，通过使用数据湖，合规性、营销能力和效率都可以实现飞跃提升。

合规性检查是受益于数据湖提供的自动化和标准化能力最明显的领域。

在受到广泛监管的金融服务行业中，公司通常需要进行各种审计，其频率取决于监管的要求以及产品和业务线的数量。合规性和风险管理需要大规模的、企业范围的努力，需要跨越所有现有技术、企业数据资产的虚拟数据湖的支持。

合规性检查的一个例子是访问证明和认证，这是一个常规流程，对系统和数据的访问进行认证和记录，并跟踪所有现有和不断变化的访问权限。为了确保所有访问都得到授权，并且公司拥有此类授权的有效记录，相关方必须审核并签署每块托管数据的所有凭证类型、涉及的技术以及供应商，并且定期进行（证明流程）。每个应用程序供应商都可以为其产品提供专门解决方案，平台供应商可以为多个应用程序或产品背后的平台技术栈提供解决方案，因此企业级方法依赖于所有信息的统一视图，通常，虚拟数据湖为收集和比较服务器、数据资产类型和访问层等信息提供一致的方法。尽管这是一项艰巨的任务，但一些因素的出现使其变得可能，其中包括：

- 廉价的计算能力。
- 通过虚拟、容器和自动化技术使得部署基础架构变得非常简便、快速。
- 软件开发速度的巨大提升。

随着数据湖技术的合理运用，加上现代分析技术的进步，为金融服务领域带来许多其他好处。其中包括基于企业信息快速创建、使用和管理提供快速洞察的解决方案的能力。数据湖还可以更好地跟踪信息使用情况，例如资源利用监控和技术资产管理。

市场营销也能够从数据湖技术受益，数据湖能提供客户与产品交互的重要洞察能力，以了解和影响客户行为。例如，在网站中，营销人员可以衡量客户交易的时间、原因和位置（网站及页面），他们可以跟踪交易发生之前用户的活跃性、点击次数、交易终止的百分比、客户做出决定的操作路径、浏览器内的其他行为等。另一个例子是新账户申请：可以调查潜在客户停止的位置、原因和持续时长，以及退出流程的位置和时间等，用以帮助公司改善用户体验，增加收入，并降低在账户创建过程中丢失潜客所造成的直接损失。举一个用户体验相关的例子，即如何设置合适的超时时长：太长有损安全性，太短则会因为重新登录带来糟糕的用户体验。通过监控网站和分析用户行为，公司可以使用数据来解决这些问题而不是通过猜测，通过这些数据可以提升用户体验、评估效果并对运营结果和客户满意度产生重大影响。

简而言之，随着企业越来越多地进行监控、跟踪和分析，使得通过数据湖提高业务、IT 和合规检查的效率及有效性成为可能。

保险行业中的数据湖

本篇文章的作者从业于一家大型保险公司，他们对大数据具有远见卓识。他们分享了自己的观点，但出于种种原因，这里不方便透露他们的具体信息。

任何保险组织的基本核心都是风险评估。关键在于在给用户发布保险政策时准确评估用户风险，并且保证有足够的流动资金用于支付索赔。这种评估也有利于申请保险的人，如果可以更好地评估他们的风险，他们可以根据需要做出正确的投保决策。

保险公司的效率通常取决于其能否根据个人的财务状况以客户可承受的保费为客户推荐保险产品，并及时发布保单。我没有提到客户服务，因为我认为它是所有业务的支柱：无论是销售咖啡还是人寿保险，如果客户对你提供的服务不满意，你就无法在当今竞争激烈的营销环境中生存。

几十年来，由于缺乏宝贵的数字化信息，以及缺乏廉价的分析平台，承保流程的发展速度要慢得多。随着大数据技术在廉价硬件上的运行，这在过去五年中发生了重大变化。一些业内人士正在积极探索通过高级预测模型技术来改写承保规则，这些技术能够分析大量不同的数据，有助于提高效率、降低成本、为索赔管理提供更好的框架以及进行欺诈检测。通过这些技术可以向消费者提供个性化产品进而推动产品创新。

正在快速发展并被用作战略变革载体的另一项革命性技术是物联网（IoT），其中一些保险公司已开始采用并逐渐显现其价值。大数据分析如此之快被采纳的关键原因在于IoT技术提供了与设备的直接链接，快速收集数据并将其转换为可使用的分析信息。

物联网可以使健康领域的承保人以及受保人受益。通过监测一个人的健康状况、生命体征和生活质量，设备可以满足个人对健康相关指标的需求，同时向保险公司提供有价值的数据，以便更好地分析发病率和死亡率。这提供了一个机会：可以通过提供创新的产品来满足各种风险等级的需求，有些需求在以前可能超出了风险范围而无法满足。

尽管这些发展令人兴奋，但我个人认为技术不会立即为行业带来革命性的变化；相反，会是一种涟漪效应。健康领域再一次提供了重要的例子，医疗保健和生物识别记录的数字化受到了相当大的关注（美国政府补贴数十亿美元）。精准医学计划等项目旨在建立公共和私营公司之间统一的全球服务平台，以安全有效的方式分享客户的医疗记录。在不久的将来，将帮助弥合消费者、医疗保健行业和保险公司之间的鸿沟。更广泛的影响将是为无保险人员和风险等级覆盖之外的人提供产品和服务。

这将释放无限潜力，这个组合数据集将为整个城市、社区、州、国家甚至整个大陆带来惊人的变化，所有这些都是为了解决一个问题：人类的生活质量。

智慧城市

***Brett Goldstein** 是 Ekistic Ventures 的联合创始人兼管理合伙人，Ekistic Ventures 是一群城市问题解决者，他们正在培养一系列颠覆性公司，为重大城市问题带来新的解决方案。他曾担任芝加哥市的 CDO 和首席信息官，之前曾在芝加哥警察局担任警务人员和分析主管。2013 年，Brett 作为芝加哥大学城市科学特别顾问策划并编辑了《Beyond Transparency: Open Data》。他为全球各地的政府、大学和大型企业提供有关如何使用数据来更好地了解城市生态系统的咨询。*

多年来我们一直听说大数据有可能引领"智慧城市"时代，技术有助于提高生活质量、减少犯罪、优化支出和资源使用。然而，构建智慧城市的第一步要求我们将数据收集到数据湖中，优化信息以进行预测分析。

作为 CDO 和后来的芝加哥市首席信息官，我开始努力将数千个孤岛中的数据"解放"到一个数据湖中。以前，我们将数据备份到磁带中并最终丢弃。通过使用支持灵活模式的廉价大数据技术（在我们的案例中是 MongoDB）能够轻松地从所有不同系统加载原始数据。然后，它扫描数据集以获取地理空间信息并创建位置索引。目标是了解数据的位置并记录元数据，以便有一天适当的项目出现时可以使用相关数据。

将来自不同系统的数据加载到一个系统中将面临从数据访问到映射不同坐标系的各种挑战。大多数城市问题都是位置相关的，因此创建位置索引至关重要，以便数据湖可以回答以下问题：

- 警车在哪里？
- 附近的坑洼在哪里？
- 有问题的建筑物的确切位置在哪里？

虽然知道事物的位置至关重要，但数据湖也可以用于预测分析。例如预测最可能发生暴乱的地方、哪些垃圾桶需要修复以及街道将在多长时间内形成坑洼。芝加哥数据湖的最大胜利来自它用于为北约行动创建了态势感知平台 WindyGrid，这是芝加哥历史上最大的事件之一。

城市面临的问题并不新鲜，但在当前一代大数据技术出现之前很难找到切实可行的解决方案。Excel 是一个很好的工具，但无法处理当今智慧城市的大量实时数据。关系系统可以扩展到足够的规模，但是来自不同系统的数据的组合和融合过于困难和昂贵。利用具备廉价存储和灵活模式的大数据技术，现在可以采用多种不同的格式将许多不同系统中的数据组合起来，并支持提取、转换和清洗特定项目所需的部分数据。大数据的可扩展性使得实现具有数十亿 GPS 事件的物联网项目成为可能，而能够以经济实惠的方式存储和处理大量数据的能力对预算紧张的城市项目来说很关键。例如，重用旧机器和使用不同硬件以低成本构建 Hadoop 集群的能力是一项重要的进步，它可以节省成本。

虽然我们仍在克服数据存储和管理的相关问题，但我们已开始将分析和响应由被动转变为主动。预防性维护就是一个例子：我们可以在坑洼出现之前检修道路，而不是坑洞出现之后再修复。随着传感器数据迅速涌入（当地气候、空气污染、交通运输相关数据）以及更有效地使用这些数据（采用基于位置的方法来处理数据并进行决策）使得智慧城市正在成为现实。 通过采用更智能的数据架构，特别是数据湖，我们可以进行更复杂的分析和机器学习。

与此同时，城市项目必须考虑透明度和可解释性，避免采用黑盒算法。重要的是不仅要信任数据驱动的结果，还要了解它们的形成原因。只有这样，我们才能进入真正智慧城市的时代。

医疗大数据

Opinder Bawa 是旧金山大学（USF）信息技术副总裁兼首席信息官，负责机构内的技术部署和创新。此前，他曾在加州大学旧金山分校（UCSF）担任首席技术官，并且是加州大学旧金山分校医学院的首席信息官。在这些职位上，他在规划和提供跨越研究、教育和患者护理等领域的创新技术解决方案方面发挥了领导作用。Opinder 还曾担任波士顿医疗中心的首席技术官和 SCO 集团的高级副总裁，领导他们的全球软件产品线和客户服务。他拥有纽约城市大学的 BCS 和凤凰城大学的 MBA 学位。

在任何行业中，转型过程通常需要 30~50 年才能完成，对于生命科学也一样。每一个转型期都由催化剂引发。2010 年“患者保护和平价医疗法案”是生命科学行业最近转型期的催化剂。正如在过去半个世纪中被反复证明的那样，技术一直是实现这种行业转型的关键，而我们国家的医疗保健系统也将如此。

可以说，当今和未来医疗保健最重要的一个方面就是临床试验，这些临床试验可以验证有前景的新疗法、治疗方案，并为是否尽快停止开发不太有希望的药物的决策提供信息。生命科学行业进入转型的第二个十年，未来临床试验的成功实施将需要技术来打破行业壁垒或大幅提高供应链的效率，这些技术来自识别并吸纳（保留）患者、收集数据、关键分析以及潜在患者的早期干预等领域。

尖端的数据分析解决方案使生命科学公司能够将临床试验供应链中最关键的部分自动化，从而以前所未有的方式取得重要成果。数据分析可以创建精细调优的引擎，以支持患者数据的收集、整理、分析和报告。

将数据收集和分析定位于这种转型的核心并不是一件容易的事。如果你回顾一下 USF 的 William Bosl 博士的工作，你会发现他能够识别三个月大的婴儿的自闭症，也能够研究出如何在足球场上实时识别球员的脑震荡，那么你将看到数据和分析改变世界的潜力。另一项反映这种潜力的研究由加州大学旧金山分校的 Jeff Olgin 博士领导，它旨在通过招募前所未有的 100000 名患者来大幅改善著名的弗雷明汉心脏研究，并通过最先进的技术来收集数据并进行分析。

随着生命科学行业进入当前技术转型的第二阶段，致力于增长和成功的领先临床试验公司将进一步采用新型临床试验供应链解决方案。这些解决方案来自一些数据分析行业领导者，它们开始关注通过高效临床试验获得早期干预措施，并最终改变整体医疗保健的实施方式。

作者介绍

Alex Gorelik 最近30年一直从事开发和部署最先进的数据相关技术，致力于帮助BAE (Eurofighter)、Unilever、IBM、Royal Caribbean、Kaiser和Goldman Sachs等大公司以及其他几十个公司解决棘手的相关数据问题。

Alex是一家ETL公司（即Acta，被Gartner认为是一家有远见的公司，已被Business Objects/ SAP收购）的联合创始人兼CTO，他在大型分析和数据仓库领域进行过数年的实践咨询，拥有数据仓库建设方面的第一手经验。他的第二家公司Exeros（已被IBM收购）专注于帮助大型企业理解并管理数据。作为IBM的杰出工程师以及Informatica的高级副总裁和总经理，他领导了Hadoop技术的开发和运用。最后，作为常驻Menlo Ventures的企业家以及Waterline的创始人兼CTO，他曾与管理大数据湖以及从事数据科学的权威专家们一起合作，这些专家普遍来自于Google、LinkedIn、大型银行、政府机构这样的大型企业。Alex拥有哥伦比亚大学的计算机科学硕士学位和斯坦福大学的计算机科学博士学位，他现在与妻子和四个孩子住在旧金山。

封面介绍

本书封面的动物是一只红胸秋沙鸭（学名：Mergus serrator），一种在北美、欧洲和亚洲各地均有发现的锯齿鸭。它是一种候鸟，春季会向北迁徙至淡水湖泊和河流进行繁殖，冬季向南迁徙至沿海地区。名称中的"serrator"指的是其喙的锯齿状边缘，它有助于捕食鱼类、青蛙、水生昆虫和甲壳类动物，这种鸭子擅长潜水以及水下寻找食物。

红胸秋沙鸭具有鲜明的性别特征。雄性具有红色胸部、深绿色头部和黑色背部，颈部和腹部则为白色。雌性（如本书封面所示）的色彩则较为柔和，具有红色头部和灰色身体。两者都有尖尖的羽毛。红胸秋沙鸭可以长到50~60cm。在繁殖季节，雄性会在多个雌性面前通过求爱表演来赢得雌性的青睐，雌性会在靠近水边的地面上筑巢。

红胸秋沙鸭拥有鸭类的最快飞行记录：160km/h（在试图躲避飞机时）。

O’Reilly 图书封面上的许多动物都濒临灭绝，它们对这个世界都很重要。要了解更多关于如何提供帮助，请访问 *animals.oreilly.com*。

封面插图由 Karen Montgomery 设计，它基于 *Meyers Kleines Lexicon* 的黑白雕刻版完成。